Heinz Frank

Programmier- und Überwachungsfunktionen für teileartbezogene NC-Werkzeugmaschinen

Springer-Verlag
Berlin Heidelberg New York Tokyo 1986

ISW Forschung und Praxis

Berichte aus dem Institut für Steuerungstechnik
der Werkzeugmaschinen und Fertigungseinrichtungen
der Universität Stuttgart

Herausgeber: Prof. Dr.-Ing. G. Pritschow

Band 60

D 93

Mit 49 Abbildungen

ISBN 978-3-540-16703-7   ISBN 978-3-642-52266-6 (eBook)
DOI 10.1007/978-3-642-52266-6

2362/3020-543210

Geleitwort des Herausgebers

In der Reihe „ISW Forschung und Praxis" wird fortlaufend über Forschungs-
ergebnisse des Instituts für Steuerungstechnik der Werkzeugmaschinen und
Fertigungseinrichtungen der Universität Stuttgart (ISW) berichtet, das sich in
vielfältiger Form mit der Weiterentwicklung des Systems Werkzeugmaschine
und anderer Fertigungseinrichtungen beschäftigt. Die Arbeiten dieses Instituts
konzentrieren sich im besonderen auf die Bereiche Numerische Steuerungen,
Prozeßrechnereinsatz in der Fertigung, Industrierobotertechnik sowie Meß-,
Regel- und Antriebssysteme, also auf die aktuellsten Bereiche, der Fertigungstechnik. Dabei stehen Grundlagenforschung und anwenderorientierte
Entwicklung in einem stetigen Austausch, wodurch ein ständiger Technologie-
transfer zur Praxis sichergestellt wird.

Die Buchreihe erscheint in zwangloser Folge und stützt sich auf Berichte über
abgeschlossene Forschungsarbeiten und Dissertationen. Sie soll dem Inge-
nieur bei der Weiterbildung dienen und ihm Hilfestellungen zur Lösung spezifi-
scher Probleme geben. Für den Studierenden bietet sie eine Möglichkeit zur
Wissensvertiefung. Sie bleibt damit unter erweitertem Namen und neuer Her-
ausgeberschaft unverändert in der bewährten Konzeption, die ihr der Gründer
des ISW, der leider allzu früh verstorbene Prof. Dr.-Ing. G. Stute, im Jahre 1972
gegeben hat.

Der Herausgeber dankt der Druckerei für die drucktechnische Betreuung und
dem Springer Verlag für Aufnahme der Reihe in sein Lieferprogramm.

G. Pritschow

<u>Vorwort</u>

Die vorliegende Arbeit entstand während meiner Tätigkeit als
wissenschaftlicher Mitarbeiter am Institut für Steuerungstechnik der Werkzeugmaschinen und Fertigungseinrichtungen
(ISW) der Universität Stuttgart.

Herrn Prof. Dr.-Ing. G. Pritschow danke ich für die wohl-
wollende Unterstützung und die Anregungen während des Ent-
stehens der Arbeit sowie für die Übernahme des Hauptberichts.
Mein herzlicher Dank gilt auch Herrn Prof. Dr.-Ing. A. Storr
für die eingehende Durchsicht der Arbeit und die sich daraus
ergebenden Hinweise.

Herrn Prof. DTech. h.c. Dipl.-Ing. K. Tuffentsammer danke ich
für seine Bereitschaft, den Mitbericht zu übernehmen.

Weiterhin gilt mein Dank allen Mitarbeitern und Studenten am
obengenannten Institut, die in vielfältiger Weise zum Ge-
lingen der Arbeit beigetragen haben. Insbesondere möchte
ich mich hierfür bei den Herren Dipl.-Ing. B. Walker,
Dipl.-Ing. G. Häberle, Dipl-Ing. R. Viefhaus, Dipl.-Ing.
E. Wagner und cand.-el. U. Häberle bedanken.

Heinz Frank

<u>Inhaltsverzeichnis</u>   Seite

<u>Abkürzungen</u>

A-Achse	Schwenkachse für den Fräskopf bei einer Wälzfräs-maschine
B-Achse	Achse für die Drehbewegung des Werkzeugs bei einer Wälzfräsmaschine
BSEA	Bedienungs- und Steuerdaten Ein-/Ausgabe; Funktions-block einer numerischen Steuerung
C´-Achse	Achse für die Drehbewegung des Werkstücks bei einer Wälzfräsmaschine
CAD	Computer Aided Design; rechnerunterstütztes Konstru-ieren
Eh	Kollisionseinheit
El	Kollisionselement
FIFO	First In First Out; Ringspeicher
GEO	Geometriedatenverarbeitung; Funktionsblock einer numerischen Steuerung
Ke	Kegel; geometrischer Grundkörper
Ks	Kegelstumpf; geometrischer Grundkörper
KÜW	Kollisionsüberwachung; Funktionsblock einer numeri-schen Steuerung
MPST	Modulares Mehrprozessorsteuersystem
NC	Numerical Control; numerische Steuerung
NCVA	NC-Datenverwaltung und -aufbereitung; Funktionsblock einer numerischen Steuerung
Qu	Quader; geometrischer Grundkörper
SPS	Speicherprogrammierbare Steuerung; Funktionsblock einer numerischen Steuerung
TAB	teileartbezogen
V.24	Standardschnittstelle für serielle Datenübertragung
V-Achse	Achse für die tangentiale Bewegung des Werkzeugs bei einer Wälzfräsmaschine
X-Achse	Achse für die radiale Bewegung des Werkzeugs bei einer Wälzfräsmaschine
Z-Achse	Achse für die axiale Bewegung des Werkzeugs bei einer Wälzfräsmaschine
Zy	Zylinder; geometrischer Grundkörper

Formelzeichen

a	Halbmesser einer Ellipse in x-Richtung
$a_1 \ldots a_3$	Komponenten des Verschiebungsvektors zu einem Körperkoordinatensystem
$a_{11} \ldots a_{33}$	Richtungskosinusse für die Beschreibung der Orientierung eines Körperkoordinatensystems
a_B	Beschleunigung eines Körpers
a_X, a_Z, a_V	Abstände zwischen den auf den einzelnen Maschinenachsen definierten Koordinatensystemen
a_{X0}, a_{Z0}, a_{V0}	Abstände zwischen den auf den Maschinenachsen definierten Koordinatensystemen bei Nullstellung dieser Achsen
b	Halbmesser einer Ellipse in y-Richtung
b_H, b_{Hi}	Breite eines orthogonalen Hüllquaders
c	Abstand einer Toroide zu einer Ellipse
e_a	maximaler Fehler bei der Überprüfung zweier geometrischer Grundkörper auf Durchdringungen
e_d	maximaler Fehler bei einer zeitdiskreten Beschreibung des von einem Körper überstrichenen Raums
$f_T(x,y)$	Funktion zur Beschreibung einer Toroide
h_{ASP}	Aufspannhöhe eines Werkstücks
h_H, h_{Hi}	Höhe eines orthogonalen Hüllquaders
h_i	Höhe eines geometrischen Grundkörpers
$k_1 \ldots k_3$	Hilfsgrößen zur Berechnung des Schnittpunkts zwischen einer Geraden und einem Kegelstumpf
l_H, l_{Hi}	Länge eines orthogonalen Hüllquaders
$\underline{m}_2$	Vektor in Richtung der Achse eines Kegelstumpfs
$\underline{n}_{Et}$	Normalenvektor auf einer Trennebene
n_S	Anzahl Schnittebenen
n_V	Anzahl von Abtastzeitintervallen, um welche die Kollisionsüberwachung der Lageregelung vorauseilt
r_0	Werkzeugradius
r_2	Werkstückradius
r_D	Radius der Deckfläche eines Kegelstumpfs

r_G	Radius der Grundfläche eines Kegelstumpfs
r_K	Kreisradius
r_{Zy}	Zylinderradius
s_B	Bremsweg
s_{Rest}	Restweg zwischen bewegtem und stationärem Kollisionselement nach erkannter Kollision
$\Delta s_{\ddot{u}}$	Weg, den ein Körper im Verlauf eines Zeitintervalls zur Kollisionsüberwachung zurücklegt
t_0	Startzeitpunkt eines zeitlichen Verlaufs
Δt_L	Abtastzeit der Lageregelung
$\Delta t_{\ddot{u}}$	Zeitintervall bei einer zeitdiskreten Kollisionsüberwachung
Δt_v	Zeit, um welche die Kollisionsüberwachung der Lageregelung vorausschaut
v_B	Bahngeschwindigkeit
Δz	Abstand zwischen zwei Schnittebenen
α_A	Schwenkwinkel in der A-Achse einer Wälzfräsmaschine
α	Orientierung eines Kegelstumpfs bezüglich der z-Achse eines raumfesten Koordinatensystems
$\beta 2$	Schrägungswinkel einer Verzahnung
$\gamma 0$	Schrägungswinkel einer Wälzfräserhüllschraube
δi	Halber Öffnungswinkel eines Kegels
ε	Winkel zwischen dem Normalenvektor auf einer Trennebene und der Achse eines Kegelstumpfs
φ_j	Winkel zur Festlegung der Mantellinie g_j
$\Delta\varphi$	Winkelschritt zur Festlegung der nächsten Mantellinie

<u>Symbole</u>

A_1, A_2, A_i	Bezugspunkt eines Körpers
D_1, D_2	Deckfläche eines Körpers
E_j	Schnittebene durch zwei Kegelstümpfe
E_t	Trennebene für zwei Kegelstümpfe
G_1, G_2	Grundfläche eines Körpers

g_j	Mantellinie
M_1, M_2	Mantelfläche eines Körpers
M_{D1}, M_{D2}	Mittelpunkt der Deckfläche eines Kegelstumpfs
M_{G1}, M_{G2}	Mittelpunkt der Grundfläche eines Kegelstumpfs
M_K	Mittelpunkt eines Kreises
$P_1 \ldots P_6$	Hilfspunkte in einer Schnittebene
P_{3E}, P_{4E}, P_{6E}	Punkte auf einer Ellipse in einer Schnittebene
P_B	Berührungspunkt einer Tangente an einem Kegel
P_{Dj}	Punkt auf der Kante der Deckfläche eines Kegelstumpfs
S_1, S_2	Spitze eines Kegels

1 Einleitung

Die Entwicklungen in der Fertigungstechnik werden heute sehr
stark durch den technischen Fortschritt im Bereich der Steuerungstechnik beeinflußt. Bei den Werkzeugmaschinen ermöglichen
die numerischen Steuerungen (NC, numerical control) zum einen
eine zunehmende Steigerung der Produktivität und Arbeitsgenauigkeit. Zum anderen wird durch die Programmierbarkeit dieser
Maschinen die Flexibilität hinsichtlich ihrer Anpassung an
unterschiedliche Werkstücke innerhalb eines gegebenen Bereichs
verbessert /1, 2/.

Es ist hierbei jedoch festzustellen, daß die Entwicklungen im
Bereich der numerischen Steuerungen in der Vergangenheit
wesentlich geprägt wurden durch ihren Einsatz bei Universal-
bohr-, -fräs- und -drehmaschinen. Neben den für ein breites
Werkstückspektrum einsetzbaren Universalwerkzeugmaschinen sind
in der Fertigungstechnik aber auch sehr viele Werkzeugmaschinen
zu finden, die als Einzweckmaschine für nur eine Werkstückart,
oder aber neuerdings auch für einen begrenzten Bereich von
Variationen dieser definierten Werkstückart, d.h. für die
Fertigung eng begrenzter Teilefamilien ausgelegt sind /3/. Da
mit dem Begriff "Teilefamilienfertigung" i.a. wohl eher das
Organisationsproblem der Optimierung des Teiledurchlaufs ange-
sprochen wird /4/, soll im folgenden von werkstückartbezogenen
Werkzeugmaschinen oder teileartbezogenen Werkzeugmaschinen
("TAB-Werkzeugmaschinen") gesprochen werden. Diese Bezeich-
nungsweise läßt dann auch eine Einteilung der auf diesen
Werkzeugmaschinen gefertigten Werkstücke in Teilefamilien,
z.B. scheibenförmige und wellenförmige Teile auf Verzahn-
maschinen, zu. Bei solchen beschränkt "flexiblen" TAB-Werkzeugmaschinen wird durch ihre Anpassung bezüglich
  - der Werkstückzuführung und -aufnahme,
  - der konstruktiven Anordnung von Maschinenachsen,
  - der steuerbaren Bewegungszusammenhänge zwischen diesen
    Achsen,

- der möglichen Bearbeitungsabläufe und
- dem Einsatz von Profilwerkzeugen

auch bei der Fertigung von komplizierten Werkstückformen eine
hohe Produktivität und Arbeitsgenauigkeit erreicht /5/.
Beispiele für "TAB-Werkzeugmaschinen" sind Maschinen zum
Fertigen von Zahnrädern, Kugelumlaufspindeln, Nockenwellen,
Werkzeugen und Gewinden. In der Literatur werden solche Werk-
zeugmaschinen gerne als Sonderwerkzeugmaschinen bezeichnet.

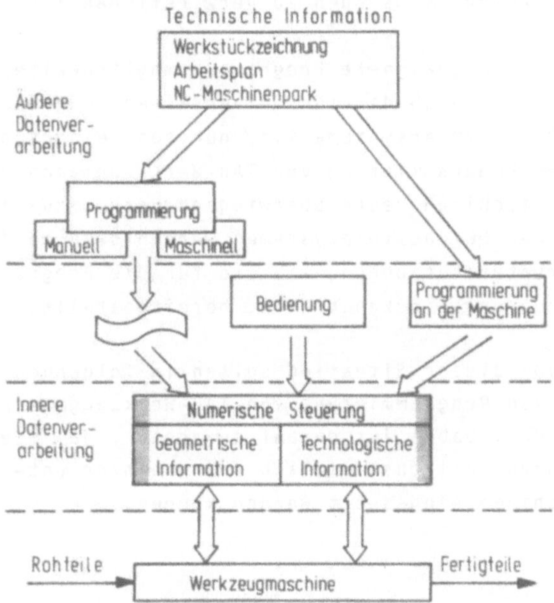

__Bild 1.1__ : Informationsfluß beim Einsatz numerisch
gesteuerter Werkzeugmaschinen /12/

Aus den gleichen Gründen wie bei Universalwerkzeugmaschinen
werden heute auch bei TAB-Werkzeugmaschinen in zunehmendem
Maße numerische Steuerungen eingesetzt /6, 7, 8, 9, 10, 11/.
Hierbei sind entsprechend dem in Bild 1.1 dargestellten Informationsfluß zum einen die Steuerungen auf der maschinen-

nahen Seite an die sehr unterschiedlichen Steuerungsaufgaben bei diesen Maschinen anzupassen. Die auf dem Markt erhältlichen Standardsteuerungen sind dazu jedoch oft nicht geeignet. Deshalb werden für die Steuerung von TAB-Werkzeugmaschinen heute zu einem großen Teil NC-Bausteinsysteme mit modularer Grundstruktur und klar definierten internen Schnittstellen /13, 14, 15, 16/ eingesetzt. Der Maschinenhersteller hat damit die Möglichkeit, aufbauend auf käuflichen Modulen, angepaßte Steuerungslösungen zu verwirklichen.

Zum anderen sind geeignete Programmiermöglichkeiten bereitzustellen. Da sich auch die für Universalwerkzeugmaschinen entwickelten Programmiersysteme i.a. nur sehr eingeschränkt zur maschinellen Programmierung von TAB-Werkzeugmaschinen eignen, sind diese Maschinen heute überwiegend noch manuell zu programmieren. In den NC-Bausteinsystemen werden dazu meistens nur Programmierunterstützungen, wie sie für die Programmierung von Standardsteuerungen bekannt sind, bereitgestellt.

Ausgehend von dieser Situation sollen im folgenden Funktionen zur effektiven Programmierung von TAB-Werkzeugmaschinen entwickelt werden. Dabei ist darauf zu achten, daß diese Programmierfunktionen möglichst einfach für die sehr unterschiedlichen Maschinen eingesetzt werden können.

2 Derzeitiger Stand bei der Programmierung teileartbezogener NC-Werkzeugmaschinen

"Programmierung heißt die Aufbereitung eines Problems für die automatische Behandlung durch den Automaten" /17/. Im speziellen Fall der Programmierung von automatisierten Werkzeugmascninen bedeutet dies die Aufbereitung von Steuerdaten für eine vorbestimmte Fertigungsaufgabe. Mit Steuerdaten werden solche Informationen bezeichnet, die einem System, bestehend aus Werkzeugmaschine und zugehöriger Steuerung, als Eingabeinformationen zur selbsttätigen Ausführung eines Fertigungsablaufs dienen. Entsprechend den Erfordernissen der jeweiligen Maschinen können die Steuerdaten auf verschiedenartigen Datenträgern, wie z.B. Schablonen, Nocken, Lochstreifen oder Halbleiterspeichern, abgelegt werden /18/. Steuerdaten für eine numerisch gesteuerte Werkzeugmaschine werden als NC-Steuerdaten bezeichnet.

2.1 Programmierverfahren

Wie bereits in Bild 1.1 gezeigt, kann bei der Programmierung numerisch gesteuerter Werkzeugmaschinen zwischen der
   - Werkstattprogrammierung und der
   - Programmierung in der Arbeitsvorbereitung
unterschieden werden.

Bei der Werkstattprogrammierung werden die NC-Steuerdaten direkt an der Maschine im Dialog mit der Steuerung ermittelt und eingegeben. Dabei hängt der für eine bestimmte Fertigungsaufgabe erforderliche Programmieraufwand sehr stark von den in der Steuerung verwirklichten Programmierfunktionen und von der Sprache für die Beschreibung der NC-Steuerdaten ab.

Bei der Programmierung in der Arbeitsvorbereitung setzt sich heute immer stärker die rechnerunterstützte Programmierung durch. Hierbei werden vom Programmierer zunächst Teilepro-

gramme in einer fertigungstechnisch orientierten Programmier-
sprache erstellt. Anschließend werden die Teileprogramme von
einem Programmiersystem in steuerungs- und maschinenspezifische NC-Steuerdaten umgesetzt. Durch diese Vorgehensweise können der manuelle Programmieraufwand und die Fehlermöglichkeiten vermindert sowie die Programmierzeit verkürzt
werden.

Die heute bekannten Programmiersysteme eignen sich jedoch
überwiegend nur zur Programmierung von Universalwerkzeugmaschinen für wenige ganz bestimmte Fertigungsverfahren, wie
z.B. Bohren, Fräsen, Drehen und Nibbeln. Für numerisch gesteuerte TAB-Werkzeugmaschinen stehen im allgemeinen keine
Programmiersysteme zur Verfügung. Dies hat im wesentlichen die
folgenden Gründe:
  - Beim Umsetzen der Teileprogramme in NC-Steuerdaten sind
    vom Programmiersystem die Gegebenheiten der Werkzeugma-
    schinen, wie z.B. ihr geometrischer Aufbau, ihre Kine-
    matik und ihre Antriebsleistungen, zu berücksichtigen.
    Dies erfordert jeweils an die sehr vielen unterschied-
    lichen TAB-Werkzeugmaschinen angepaßte Programmier-
    systeme.
  - Bei der rechnerunterstützten Programmierung werden die zu
    fertigenden Werkstücke im allgemeinen durch Flächen 1.
    (Ebene) und 2. Ordnung (Zylinder, Kegel, Kugel) beschrie-
    ben /19/. Die bei TAB-Werkzeugmaschinen durch die gleich-
    zeitige Bewegung von rotatorischen und translatorischen
    Achsen sowie durch den Einsatz von Profilwerkzeugen er-
    zeugten Werkstückkonturen lassen sich jedoch oft nicht
    durch analytisch einfach beschreibbare Flächen darstel-
    len.
  - Die Zusammenhänge für eine automatische Ermittlung von
    Technologiedaten sind bei den einzelnen TAB-Werkzeug-
    maschinen oft noch nicht ausreichend genau quantifiziert.
    In solchen Fällen wird bei diesen Daten entweder auf
    Erfahrungswerte zurückgegriffen, oder sie werden durch
    Bearbeitungsversuche empirisch bestimmt.

- Für die auf TAB-Werkzeugmaschinen zu fertigenden Werkstücke können die NC-Steuerdaten in vielen Fällen durch
  Variantenprogrammierung bereitgestellt werden /20/. Eine
  solche Variantenprogrammierung wird bei der Werkstattprogrammierung durch die numerischen Steuerungen unter-
  stützt.

Diese Gegebenheiten zeigen, daß einerseits die Anpassung her-
kömmlicher Programmiersysteme für die sehr unterschiedlichen
TAB-Werkzeugmaschinen nur eingeschränkt und mit einem hohen
Aufwand möglich ist. Andererseits ist festzustellen, daß auch
in der Zukunft für viele TAB-Werkzeugmaschinen eine komfor-
table Werkstattprogrammierung unerläßlich sein wird. Das Ziel
in dieser Arbeit ist es deshalb, die bisher realisierten Programmierfunktionen für eine solche Programmierung zu erweitern
und zu ergänzen.

2.2 Aufgaben bei der Werkstattprogrammierung

Die zeitliche Vorgehensweise bei der Programmierung direkt an
der Maschine ist in Bild 2.1 dargestellt. Es können dabei drei
Programmierphasen unterschieden werden:
  - Erstellen der NC-Steuerdaten,
  - Testen der NC-Steuerdaten und
  - Korrigieren der NC-Steuerdaten.
Im folgenden sollen diese drei Phasen hinsichtlich der für die
Programmierung einer TAB-Werkzeugmaschine durchzuführenden
Aufgaben untersucht werden.

2.2.1 Erstellen von NC-Steuerdaten

Bei den Standardsteuerungen hat sich schon seit längerer Zeit
die Beschreibung der NC-Steuerdaten in Form von NC-Programmen
nach DIN 66025 /21/ durchgesetzt. Um eine weitgehende Einheit-
lichkeit zu erzielen, wurde diese Beschreibungsform auch für

die an TAB-Werkzeugmaschinen eingesetzten NCs übernommen. Beim
manuellen Erstellen von NC-Steuerdaten nach DIN 66025 sind
folgende Arbeiten durchzuführen :
- Festlegen des Bearbeitungsablaufs,
- Auswählen der geeigneten Werkzeuge und Spannmittel,
- Ermitteln der Technologiedaten,
- Berechnen der Geometriedaten sowie
- Verschlüsseln der NC-Steueranweisungen /22/.

Die Tatsache, daß auf TAB-Werkzeugmaschinen die meisten Werkstücke durch wenige unterschiedliche Arten von Bearbeitungsab-

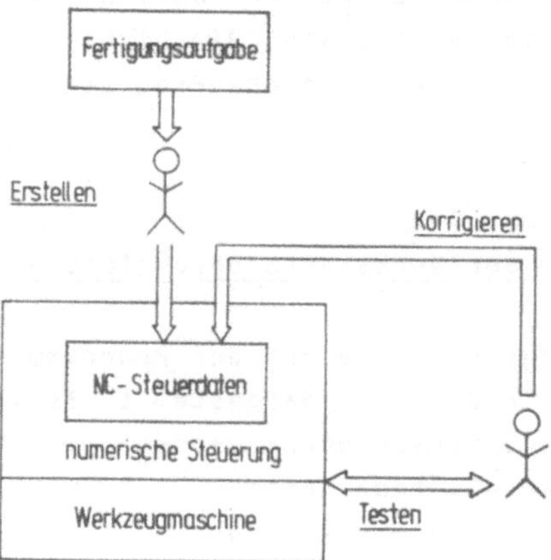

<u>Bild 2.1</u> : Prinzipielle Vorgehensweise bei der Programmierung
         direkt an der Maschine

läufen gefertigt werden können, ermöglicht bei dieser Vorgehensweise Vereinfachungen. Bei der Erstellung von NC-Steuerdaten für eine solche Standardfertigungsaufgabe läßt sich
durch Variantenprogrammierung insbesondere der Aufwand für das
Festlegen des Bearbeitungsablaufs und für das Verschlüsseln
der NC-Steuerdaten verringern. Hierzu werden für die einzelnen

Arten von Bearbeitungsabläufen, wie in Bild 2.2 an einem
Beispiel für eine Wälzfräsmaschine zum Herstellen von Zahnrädern gezeigt, jeweils parametrisierte Standard-NC-Programme
bereitgestellt. Diese Standard-NC-Programme werden in /20, 23/
auch als Komplex-Programme bezeichnet. Beim Erstellen von
NC-Steuerdaten für ein bestimmtes zu fertigendes Werkstück
sind diese NC-Programme dann nur noch mit maschinenorientierten
Parameterwerten wie z.B. Verfahrwege, Interpolationsparameter
und Drehzahlen zu versorgen. Diese maschinenorientierten

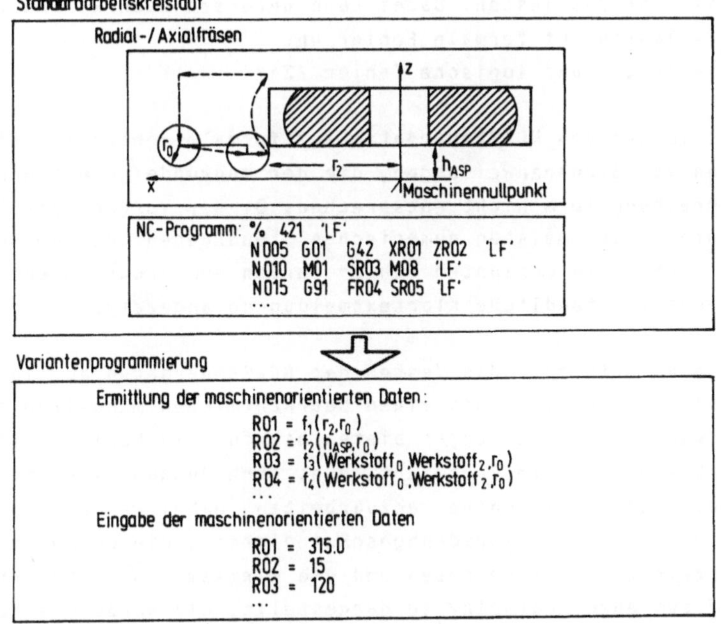

$$R01 = f_1(r_2, r_0)$$
$$R02 = f_2(h_{ASP}, r_0)$$
$$R03 = f_3(\text{Werkstoff}_0, \text{Werkstoff}_2, r_0)$$
$$R04 = f_4(\text{Werkstoff}_0, \text{Werkstoff}_2, r_0)$$

Bild 2.2 : Erstellung der NC-Steuerdaten für eine Wälzfräsmaschine durch Variantenprogrammierung

Technologie- und Geometriedaten sind dabei noch manuell aus
teileorientierten Daten, das sind
- Werkstückdaten,
- Werkzeugdaten und
- Aufspannvorrichtungsdaten,
zu ermitteln.

2.2.2 Testen von NC-Steuerdaten

Die sich an das Erstellen der NC-Steuerdaten anschließende
Phase ist das Testen. Dabei kann unterschieden werden zwischen
- Testen auf formale Fehler und
- Testen auf logische Fehler /24/.

Das Testen von NC-Steuerdaten auf formale Fehler ist ein Suchen von Steueranweisungen, die der zugrunde gelegten Beschreibungsform nicht entsprechen. Dieser Vorgang erfolgt
heute in den meisten numerischen Steuerungen automatisch
/25, 26/. Die erkannten Fehler werden dem Programmierer durch
leicht verständliche Klartextmeldungen angezeigt.

Dagegen erfordert das Testen der NC-Steuerdaten auf logische
Fehler heute i.a. noch einen beträchtlichen manuellen Arbeitsaufwand. Die Steuerungen bieten hierfür die Möglichkeit, die
NC-Steuerdaten im Probelauf, d.h. ohne Ausgabe von Stellsi-
gnalen an die Maschine, abzuarbeiten. Dabei werden die Spin-
deldrehzahl, die Vorschubgeschwindigkeit, die Lagewerte der
einzelnen Maschinenachsen und die wirksamen Schaltfunktionen
auf dem Anzeigedisplay so dargestellt, als würde die Maschine
bearbeiten /20/. Auf Grund dieser Informationen können die
NC-Steuerdaten vom Programmierer grob überprüft werden. Für
ein endgültiges Austesten der NC-Steuerdaten bezüglich der
Technologie und der zu fertigenden Werkstückgeometrie ist aber
in jedem Fall das Fertigen eines Werkstücks erforderlich /27/.
Hierbei muß der Programmierer darauf achten, daß während des
Testens auf der Maschine keine Kollisionen auftreten, die zu

Beschädigungen führen. Bei TAB-Werkzeugmaschinen wird gegenüber Universaldreh- und -fräsmaschinen die Gefahr, daß eine
Kollision vom Programmierer nicht rechtzeitig erkannt wird,
durch folgende Gegebenheiten oft noch vergrößert:

- Der Arbeitsraum ist vom Maschinenbediener während eines
  laufenden Bearbeitungsvorgangs nur teilweise oder gar
  nicht einsehbar.
- Es sind eine Vielzahl möglicher Kollisionsfälle gleichzeitig zu betrachten.
- Die auf Kollisionen zu überwachenden Teile sind geometrisch kompliziert gestaltet.
- Durch die kinematische Kette von translatorischen und
  rotatorischen Achsen sind die Bewegungsvorgänge nicht
  einfach überschaubar.

In Bild 2.3 ist als Beispiel ein vereinfachtes Diagramm für
die zulässige Axialposition des Werkzeugs auf einer Wälzfräs-

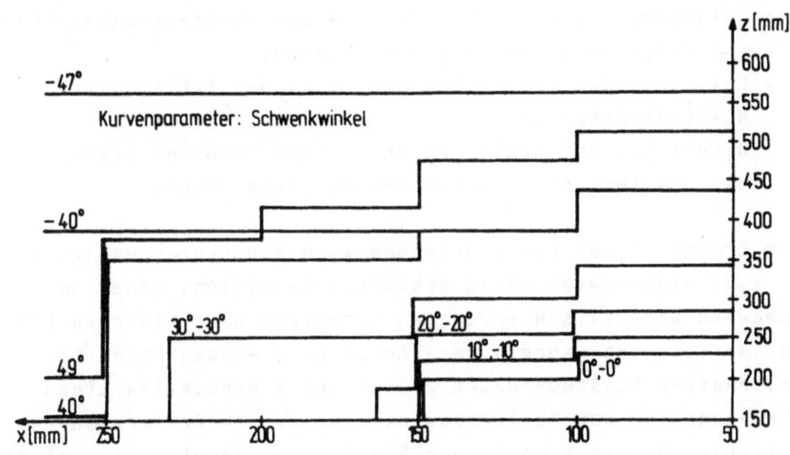

Bild 2.3 :   Beschreibung des zulässigen Bewegungsraums einer
             Wälzfräsmaschine

maschine in Abhängigkeit vom Achsabstand zwischen Werkzeug und
Werkstück sowie vom Schwenkwinkel des Fräskopfs dargestellt.
Diese Grenzen sind vom Programmierer zur Vermeidung von
Kollisionen einzuhalten.

In der Praxis erfordern die Kollisionsgefahren ein sehr vor-
sichtiges, d.h. mit reduzierter Geschwindigkeit schrittweises
Abarbeiten der zu testenden NC-Steuerdaten. Die dadurch anfal-
lenden unproduktiven Zeiten der Maschine und der manuelle
Arbeitsaufwand bilden bei der NC-Programmierung einen erheb-
lichen Kostenfaktor. In /1/ werden für das Testen von NC-
Steuerdaten 30 bis 50 % von den Gesamtkosten der Programmierung veranschlagt.

2.2.3 Korrigieren von NC-Steuerdaten

Werden beim Testen fehlerhafte Bearbeitungsvorgänge erkannt,
dann erfordern diese ein Korrigieren der NC-Steuerdaten. Hierfür sind folgende Aufgaben durchzuführen:
- Ermitteln der Fehlerursachen, d.h. der fehlerhaften
  NC-Steuerdaten und
- Beseitigen der Fehlerursachen durch erneutes Erstellen
  der als fehlerhaft erkannten NC-Steuerdaten.

Beim Ermitteln der Fehlerursachen wird von Fehlerauswirkungen,
wie z.B. einer rechtzeitig erkannten Kollision, einer am
Probewerkstück falsch erzeugten Geometrie oder einer zu hohen
Antriebsleistung während der Zerspanung, ausgegangen. Die
fehlerhaften NC-Steuerdaten werden durch Herstellen eines
Rückbezugs von den Fehlerauswirkungen zu den Fehlerursachen
ermittelt. Da die numerischen Steuerungen jeweils die aktuellen Zustandsdaten der Steuerung und der Maschine, wie z.B.
NC-Sätze, Achspositionen und wirksame Schaltfunktionen, auf
dem Bedienungsfeld anzeigen, ist bei maschinenorientierten NC-
Steuerdaten dieser Rückbezug leicht durchführbar.

Die Vorgehensweise beim erneuten Erstellen der fehlerhaften
NC-Steuerdaten ist die gleiche wie in Kap. 2.2.1 beschrieben.
Dabei ist zu beachten, daß während des Korrigierens i.a. keine
neue Bearbeitungsaufgabe gestartet wird und die Maschine
deshalb steht.

2.2.4 Bewertung der Aufgaben

Die beim maschinengebundenen Programmieren von TAB-Werkzeugmaschinen durchzuführenden Aufgaben können zusammenfassend,
wie in Tabelle 2.1 dargestellt, bewertet werden. Dabei zeigt

Programmieren von NC – Steuerdaten		Bewertung bezüglich			
		Qualifikation des Programmierers	manueller Arbeitsaufwand	Maschinenstillstandszeiten	Gefahr von Beschädigungen an Maschine u. Werkst.
Erstellen	-Festlegen d. Bearbeitungsablaufs	◐	◐	○	○
	-Auswahl d. geeigneten Werkzeuge und Spannmittel	●	◐	○	○
	-Ermittlung der Technologiedaten	●	●	○	○
	-Berechnung der Geometriedaten	●	●	○	○
	-Verschlüsseln d. NC-Steuerdaten	◐	◐	◐	○
Testen	-Testen auf formale Fehler	◐	◐	◐	○
	-Testen auf logische Fehler	●	●	●	●
Korrigieren	-Ermitteln der fehlerhaften NC-Steuerdaten	◐	◐	◐	○
	-Erneutes Erstellen der fehlerhaften NC-Steuerdaten	●	●	●	○

Anforderungen: ● hoch   ◐ niedrig   ○ keine

<u>Tabelle 2.1</u> : Bewertung der Aufgaben bei einer Werkstattpro-
grammierung

sich, daß überwiegend das Ermitteln der maschinenbezogenen
Parameterdaten aus den teilebezogenen Daten sowie das Testen
auf logische Fehler einen hohen Aufwand erfordern.

Zur Ermittlung von maschinenbezogenen Parameterdaten können
bei TAB-Werkzeugmaschinen für die unterschiedlichen Standard-
fertiungsaufgaben jeweils spezifische Algorithmen festgelegt
werden. Durch das Verwirklichen dieser Algorithmen in der
Steuerung läßt sich der Aufwand für das Erstellen von NC-
Steuerdaten vermindern. In dieser Arbeit soll deshalb untersucht werden, wie durch Einbindung solcher Algorithmen in die
Steuerungen eine Werkstattprogrammierung auf der Ebene von
teileorientierten Daten ermöglicht wird.

Der Aufwand beim Testen von NC-Steuerdaten auf logische Fehler
hat seine Ursachen zu einem großen Teil in den Kollisionsgefahren. Aus diesem Grund soll die Effektivität beim Testen
durch die Entwicklung von Kollisionsüberwachungsfunktionen
verbessert werden. Dadurch soll zum einen eine Unterstützung
für das schnelle Finden von logischen Fehlern gegeben werden.
Zum anderen wird eine höhere Sicherheit für Maschine, Werkzeuge, Aufspannvorrichtungen und Werkstücke erreicht. Die Entwicklung dieser Kollisionsüberwachungsfunktionen ist eine
weitere in dieser Arbeit zu lösende Aufgabe.

Für die Erprobung der zu entwickelnden Steuerungsfunktionen
stand eine NC für eine Wälzfräsmaschine zur Verfügung. Diese
Steuerung war nach dem Konzept des modularen Mehrprozessorsteuersystems MPST aufgebaut /6/. Die im folgenden beschriebenen Beispiele beziehen sich auf diese Konfiguration.

3 Teileorientierte Erstellung von NC-Steuerdaten

3.1 Festlegung der Anforderungen

Beim Erstellen von NC-Steuerdaten für die Durchführung von
Standardfertigungsaufgaben sollen in die NC einer TAB-Werkzeugmaschine ausschließlich teileorientierte Daten einzugeben
sein. Dadurch wird der Programmierer, wie bereits beschrieben,
von aufwendigen Rechenaufgaben entlastet. Ferner werden damit
auch die für eine Fertigungsaufgabe einzugebende Datenmenge
und die Fehlermöglichkeiten vermindert.

Zum Erreichen dieser Zielsetzungen sind folgende Erweiterungen
durchzuführen:
- Bereitstellen von Funktionen zur Ermittlung von
  maschinenorientierten Daten aus teileorientierten Daten;
- Festlegen einer geeigneten Beschreibungsform für die Eingabe der teileorientierten Daten in die NC;
- Bereitstellen von Editorfunktionen für eine steuerungsge-
  führte NC-Dateneingabe.

Bei diesen Entwicklungsarbeiten ist jeweils darauf zu achten,
daß auf TAB-Werkzeugmaschinen neben Standardfertigungsaufgaben
manchmal auch Sonderfertigungsaufgaben durchzuführen sind.
Weil für diese Fertigungsaufgaben im voraus keine standardi-
sierten Rechenvorschriften zur Ermittlung der maschinenorientierten Daten festgelegt werden können, muß neben der
teileorientierten Erstellung auch eine maschinenorientierte
Erstellung von NC-Steuerdaten möglich sein. Wegen ihrer wei-
ten Verbreitung, wird hierfür eine Eingabe nach DIN 66025
gefordert.

3.2 Ermittlung von maschinenorientierten Daten in einer NC

Zur Berechnung von maschinenorientierten Daten in einer NC
sind zwei Lösungsalternativen zu betrachten. Die maschinenorientierten Daten können entweder

- während der NC-Dateneingabe oder
- während des Automatikbetriebs

berechnet werden.

Für das Ermitteln von maschinenorientierten Daten während
des Automatikbetriebs werden die erforderlichen Berechnungs-
vorschriften, wie in Bild 3.1 dargestellt, innerhalb von

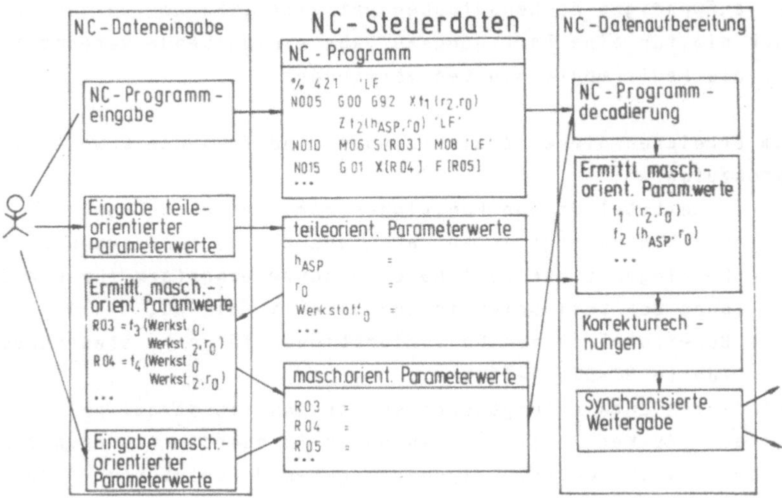

Bild 3.1 :   Möglichkeiten zur Ermittlung von maschinenorientierten Daten in einer NC

NC-Programmen festgelegt. Hierzu sind die in der DIN 66025 genormten Sprachelemente um solche zur Parameterrechnung,
z.B. die Grundrechenarten und trigonometrische Funktionen, zu
erweitern. Im Automatikbetrieb werden die NC-Sätze von der
Steuerung nacheinander interpretativ abgearbeitet. Diese Vorgehensweise ist bei heute käuflichen Standardsteuerungen bereits teilweise möglich /26/. Sie hat aber einige prinzipielle
Nachteile:

- Für umfangreiche Algorithmen, wie sie z.B. für die

Ermittlung von Technologiedaten erforderlich sein können,
sind eine Folge von Einzelanweisungen in mehreren NC-
Sätzen abzulegen. Eine interpretative Abarbeitung dieser
NC-Sätze kann zu langen Satzfolgezeiten und damit zu un-
gewünschten Maschinenstillstandszeiten bei der Fertigung
führen.
- Der Programmierer hat keine Möglichkeit, von der Steuerung berechnete maschinenorientierte Daten zu ändern.
Insbesondere bei Technologiedaten werden hierfür jedoch
oft firmenspezifische Erfahrungswerte gewünscht.

Diese beiden Nachteile können vermieden werden, wenn die
maschinenorientierten Daten schon bei der NC-Dateneingabe ermittelt werden. Hierbei werden, wie in Bild 3.1 links dargestellt, die maschinenorientierten Daten direkt nach der Eingabe der teileorientierten Daten berechnet. Wenn es vom Programmierer gewünscht wird, kann er sie sich anschließend anzeigen lassen und gegebenenfalls ändern. Der Rechenaufwand
während der interpretativen Abarbeitung der NC-Programme kann
bei dieser Vorgehensweise wesentlich vermindert werden. Diesen
Vorteilen stehen folgende Nachteile gegenüber:
- Bei der Berechnung der maschinenorientierten Daten können
keine während der Fertigung sich ändernden Größen einbe-
zogen werden.
- Das Abspeichern von sowohl maschinen- als auch teileorientierten Daten erfordert je Fertigungsaufgabe einen
höheren Speicherplatzbedarf im NC-Datenspeicher.

Um die Nachteile der beiden Lösungsmöglichkeiten zu vermeiden,
sind die NCs für TAB-Werkzeugmaschinen sowohl für das Ermitteln von maschinenorientierten Daten bei der NC-Dateneingabe
als auch im Automatikbetrieb auszurüsten.

3.3 Beschreibungsform für die NC-Steuerdaten

Eine geeignete Beschreibungsform für die NC-Steuerdaten soll
in zwei Schritten festgelegt werden:

- Zunächst ist eine auf die teileorientierte Programmierung
  zugeschnittene Strukturierung der NC-Steuerdaten festzulegen.
- Anschließend ist für die einzugebenden NC-Steuerdaten eine
  an die genannten Anforderungen angepaßte Sprachsyntax zu
  entwickeln.

3.3.1 Strukturierung der NC-Steuerdaten

Bei den bekannten Standardsteuerungen werden die NC-Steuerdaten in Form von NC-Programmen abgelegt. Für die Durchführung
von Korrekturrechnungen können zusätzlich Nullpunktverschie-
bungswerte und Werkzeugdaten eingegeben werden. Diese Datenein-
teilung ist überwiegend für eine maschinenorientierte Programmierung geeignet. Eine Eingabe von teileorientierten Daten ist
dabei nur bei den Werkzeugdaten im Zusammenhang mit der Werk-
zeugradius- und Werkzeuglängenkorrektur vorgesehen.

Für die teileorientierte Programmierung wird eine Datenein-
teilung, wie sie in Bild 3.2 dargestellt ist, festgelegt /28/.
Diese Einteilung erlaubt weiterhin, wie in Abschnitt 3.1 für
Sonderfertigungsaufgaben gefordert, die Programmierung auf der
Ebene der maschinenorientierten Daten. Für Standardfertigungsaufgaben werden in der Steuerung parametrisierte Standard-NC-
Programme fest abgelegt. Die Daten für alle an einer be-
stimmten TAB-Werkzeugmaschine eingesetzten Aufspannvorrichtungen und Werkzeuge sind vom Maschinenbetreiber einmal unabhängig von einer bestimmten Fertigungsaufgabe, z. B. bei ihrer
Installation, in die Steuerung einzugeben. Beim Erstellen der
NC-Steuerdaten sind damit vom Programmierer nur noch die Bezeichnung eines Standard-NC-Programms, eines Werkzeugs und
einer Aufspannvorrichtung sowie die Werkstückdaten einzugeben.
Die Bezeichnung der aktuellen Fertigungsaufgabe wird vom
Maschinenbediener erst dann eingegeben, wenn das Werkstück gefertigt werden soll.

Die Strukturierung der NC-Steuerdaten im NC-Datenspeicher ist
in Bild 3.3 dargestellt. Die Parameterdaten für ein Werkstück,
eine Aufspannvorrichtung oder ein Werkzeug werden jeweils in
einer eigenen Parameterliste abgelegt. Damit ist gewährleistet, daß Werkstück-, Aufspannvorrichtungs- und Werkzeug-

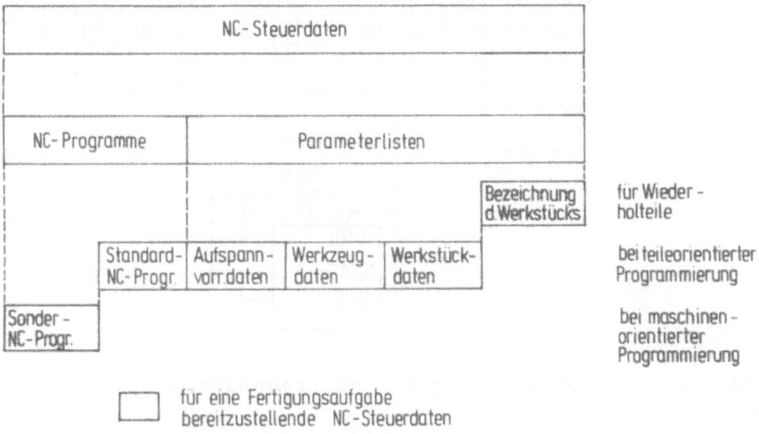

Bild 3.2 : Einteilung der NC-Steuerdaten für eine teileorientierte Programmierung

daten unabhängig voneinander im NC-Datenspeicher abgelegt und
wieder gelöscht werden können. Der erforderliche Speicherplatz
hängt direkt von der Anzahl der eingesetzten Werkzeuge und
Aufspannvorrichtungen sowie der unterschiedlichen zu fertigenden Werkstücke ab. Die Werkstückdatenlisten beinhalten neben
den Daten aus der Konstruktionszeichnung noch die bereits er-
wähnten Bezeichner für das Standard-NC-Programm, das Werkzeug
und die Aufspannvorrichtung. Ferner werden die bereits bei der
NC-Dateneingabe durch die Steuerung ermittelten maschinenorientierten Daten in den Werkstückdatenlisten abgelegt.
Für die Zuordnung von Parameterwerten aus den Parameterlisten

zu den Parameterbezeichnern in den NC-Programmen und zur
Beschreibung von Algorithmen für die Ermittlung von maschinen-

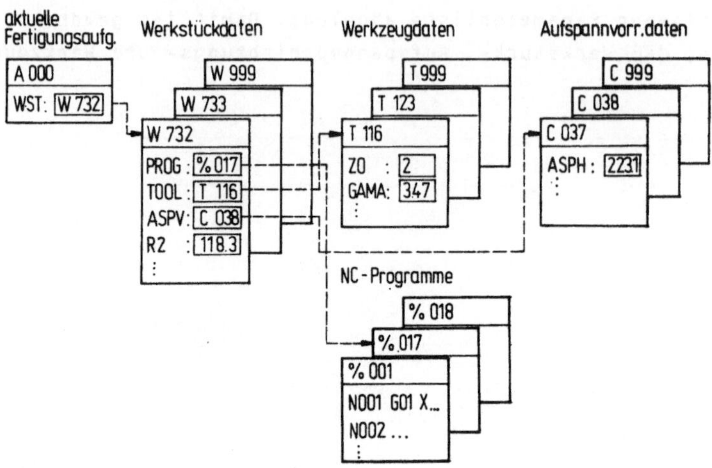

Bild 3.3 :   Strukturierung der NC-Steuerdaten

orientierten Daten im Automatikbetrieb sind die in der
DIN 66025 genormten Sprachelemente zu erweitern.

3.3.2   Erweiterung der Programmiersprache nach DIN 66025

Wie in Bild 3.1 bereits angedeutet, sollen für eine erleich-
terte Programmierung in den NC-Programmen als Parameterbezeichner mnemotechnische Abkürzungen zugelassen werden (siehe
Bild 3.4). Um diese von den genormten Adreßbuchstaben unterscheiden zu können, werden sie durch eckige Klammern gekennzeichnet. Für den Zugriff auf die Parameterwerte in den Werk-
zeug- und Aufspannvorrichtungsdatenlisten sowie auf steuerungs-
interne Daten, wie z.B. Lage-Sollwerte und Lage-Istwerte, sind
die Parameterbezeichner festgelegt. Sie werden in den NC-Programmen für eine einfachere Decodierung durch ein vorange-

stelltes Dollarzeichen zusätzlich gekennzeichnet. Die Parameterbezeichner für die Werkstückdaten sind frei wählbar.

Zur Beschreibung von Berechnungsaufgaben ist die Syntax eines Berechnungsausdrucks festzulegen. In den bekannten Steuerungen können solche Berechnungsausdrucke bereits programmiert werden. Bei ihrer Ausführung werden sie jedoch sequentiell interpretiert. Dadurch müssen oft für relativ einfache Rechenaufgaben Zwischenergebnisse berechnet werden. Zur Vermeidung dieses Nachteils ist die Syntax eines Berechnungsausdrucks in einem NC-Programm ähnlich der bei höheren Programmiersprachen für Digitalrechner festzulegen. Die Funktionsbezeichner werden von den genormten Adreßbuchstaben, wie die festen Parameterbezeichner, durch ein vorangestelltes Dollarzeichen gekennzeichnet.

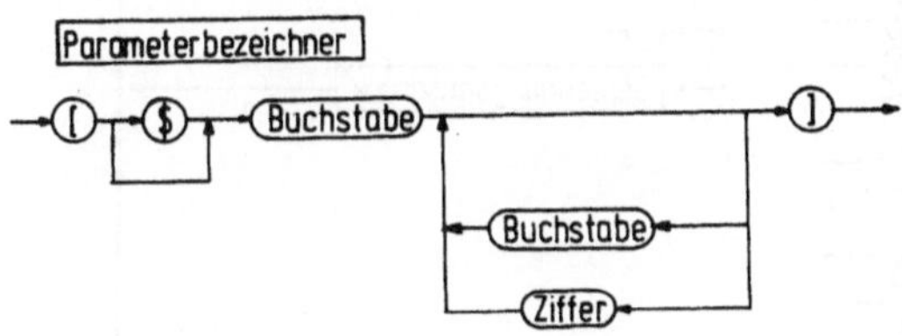

Bild 3.4 : Syntax eines Parameterbezeichners

Anmerkung:
   Bei der für die Syntaxdiagramme verwendeten Beschreibungsform bezeichnen Kreise und Ovale elementare Symbole wie z.B. Buchstaben und Ziffern. Rechtecke bezeichnen Syntaxdiagramme, also nicht-elementare Symbole. Diese Beschreibungsform wird in der Literatur überwiegend zur Beschreibung von höheren Programmiersprachen, z.B. Pascal, verwendet /29/. Gegenüber der Backus-Naur-Form /30/ zeichnet sie sich wegen der grafischen Darstellung durch eine größere Übersichtlichkeit aus.

Die maschinenorientierten Daten werden bei einer Programmierung nach DIN 66025 innerhalb von Worten als Werte im Anschluß
an die Adreßbuchstaben eingegeben. An Stelle eines Wertes kann
nun auch ein Berechnungsausdruck angegeben werden, der den
Wert als Ergebnis auf eine Verknüpfung von teileorientierten
Daten zurückführt. Die erweiterte Syntax eines Wortes nach
DIN 66025 ist in Bild 3.5 dargestellt.

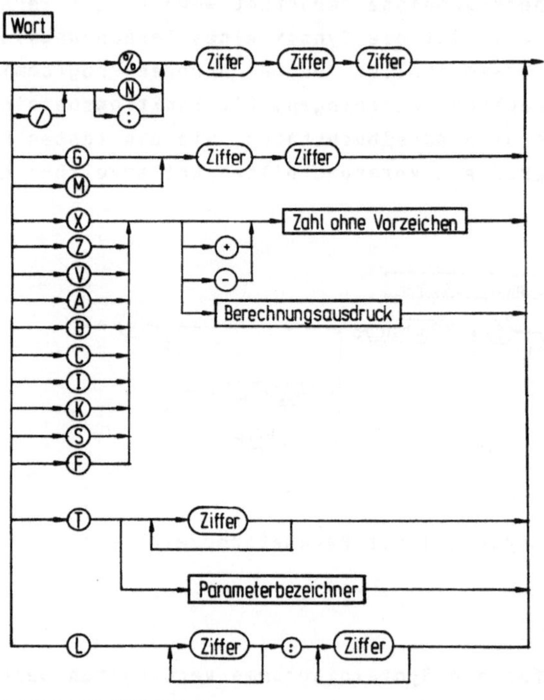

<u>Bild 3.5</u> : Erweiterte Syntax für Worte nach DIN 66025

Daten, die im Laufe eines Fertigungsvorgangs bekannt werden
und auf welche zu einem späteren Zeitpunkt noch einmal zugegriffen werden soll, müssen zwischengespeichert werden. Für

das Merken solcher Daten sind zwei Arten von Wertzuweisungen
erforderlich:
- Bei einer zeitlich begrenzt wirkenden Wertzuweisung wird
  der Wert am Ende eines Bearbeitungszyklus wieder auf
  seinen ursprünglichen Wert gesetzt.
- Bei einer dauernd wirksamen Wertzuweisung wird der Wert
  fest in die Parameterliste eingetragen.

Die beiden Arten von Wertzuweisungen werden durch Angeben
eines Gleichheitszeichens bei einer zeitlich begrenzt wirksamen Wertzuweisung bzw. einem Doppelpunkt gefolgt von einem
Gleichheitszeichen bei dauernd wirksamen Wertzuweisungen
gekennzeichnet.

Um bei Standard-NC-Programmen eine höhere Effektivität und
eine größere Flexibilität erreichen zu können, werden als zusätzliche Erweiterungen Sprunganweisungen und bedingte Anweisungen vorgesehen. Für die dabei vorkommenden Sprachelemente
werden wieder mnemotechnische Abkürzungen verwendet, die durch
ein vorangestelltes Dollarzeichen von den Adreßbuchstaben
unterschieden werden können.

3.4 Editorfunktionen für die NC-Dateneingabe

Entsprechend der Einteilung der NC-Steuerdaten in Bild 3.2 sind
für die teileorientierte Programmierung Editorfunktionen zum
Eingeben von
- NC-Programmen und
- Parameterlisten

bereitzustellen /31/. Da NC-Programme nur sehr selten eingegeben werden müssen, reicht es aus, diese zeichenweise einzugeben. Eine Syntaxprüfung bei der NC-Dateneingabe ist nicht erforderlich. Sie kann wie bei herkömmlichen Steuerungen in der
Betriebsart Probelauf durchgeführt werden. Im folgenden soll
deshalb insbesondere auf die Eingabe von Parameterlisten eingegangen werden.

Die in Abschnitt 3.3 festgelegte Beschreibungsform für die NC-
Steuerdaten ermöglicht, eine neue Fertigungsaufgabe nur durch
Eingeben von Parameterwerten in eine Werkstückdatenliste zu
beschreiben. Dabei soll dem Programmierer von der Steuerung
eine möglichst optimale Unterstützung angeboten werden. Dies
bedeutet, daß zum einen dem ungeübten Programmierer möglichst
viele Erläuterungen zu den Parametern angezeigt werden sollen.

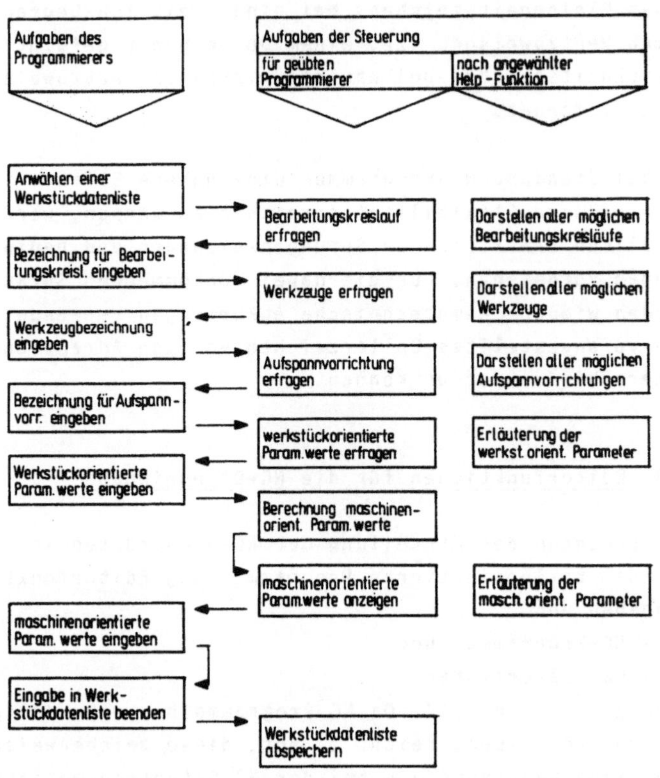

Bedienerführung bei der teileorientierten Erstellung von NC-Steuerdaten

<u>Bild 3.6</u> : Bedienergeführtes Erstellen einer Werkstückdaten-
            liste

Zum anderen möchte der geübte Programmierer die Daten
möglichst schnell eingeben können. Um beiden Anforderungen
gerecht werden zu können, werden die Parameterwerte zunächst
in Form einer Liste auf dem Bedienungsfeld abgefragt. Solche
Listen können von einem geübten Programmierer sehr schnell mit
Eingabewerten gefüllt werden. Durch Aufrufen einer Help-
Funktion werden dem ungeübten Programmierer umfangreiche Erläuterungen zu dem aktuell einzugebenden Parameter angezeigt.

Der genauere Ablauf bei der Eingabe einer Werkstückdatenliste
ist in Bild 3.6 dargestellt. Die Reihenfolge bei der Eingabe
der Bezeichner für den Bearbeitungsablauf, das Werkzeug und
die Aufspannvorrichtung entspricht dabei dem in Abschnitt
2.2.1 beschriebenen. Anschließend sind die werkstückorien-
tierten Daten, die weitgehend aus der Werkstückzeichnung ent-
nommen werden können, einzugeben. Aus diesen Informationen
werden dann eine Reihe maschinenorientierter Technologie- und
Geometriedaten ermittelt. Diese können zur Anzeige gebracht
und bei Bedarf vom Programmierer modifiziert werden.

Mit den beschriebenen Steuerungsfunktionen lassen sich die NC-
Steuerdaten insbesondere für Standardfertigungsaufgaben sehr
schnell erstellen. Im folgenden sollen nun Funktionen zur
Kollisionsüberwachung entwickelt werden, die den Programmierer
beim Testen der NC-Steuerdaten unterstützen.

4 Automatische Kollisionsüberwachung beim Testen von NC-Steuerdaten

Eine _Durchdringung_ zweier Körper ist dann gegeben, wenn sich von deren Oberflächen mindestens je ein Punkt zur gleichen Zeit am gleichen Ort befindet (nach /32, 33/). Durchdringungen können sich entweder bei realen Körpern oder in mathematischen bzw. grafischen Modellen ergeben. Die bei Werkzeugmaschinen zu betrachtenden Durchdringungen können in zwei Gruppen eingeteilt werden:
- gewollte Durchdringungen zum Zwecke der Handhabung und Bearbeitung sowie
- ungewollte Durchdringungen.

Ausgehend von dieser Einteilung wird festgelegt: Eine _Kollision_ ist eine ungewollte Durchdringung von Körpern innerhalb einer Werkzeugmaschine.

4.1 Festlegung der Anforderungen

Für die zu entwickelnde Kollisionsüberwachungseinrichtung sollen die Anforderungen nach den in Bild 4.1 dargestellten Gesichtspunkten festgelegt werden.

Kollisionen lassen sich bei Werkzeugmaschinen jeweils auf eine der folgenden Ursachen zurückführen:
- fehlerhafte NC-Steuerdaten, d.h. fehlerhafte Ermittlung oder Eingabe der NC-Steuerdaten;
- fehlerhafte Maschinenbedienung, d.h. fehlerhafte Eingabe von Verfahranweisungen über das Bedienungsfeld oder fehlerhafte Zuführung von Werkzeugen, Aufspannvorrichtungen oder Werkstücken zur Maschine;
- fehlerhafte Steuerungsfunktionen, d.h. fehlerhafte Steuerungsbaugruppen oder Steuerungsprogramme;
- fehlerhafte Stell- oder Meldeeinrichtungen /32, 34/.

Bei der hier zu entwickelnden Kollisionsüberwachungseinrichtung sind nur die beiden erstgenannten Fehlerursachen zu erfassen. Bei den letztgeannten Fehlerursachen soll davon ausgegangen werden, daß sie in der Steuerung durch Diagnosefunktionen erkannt werden /35/.

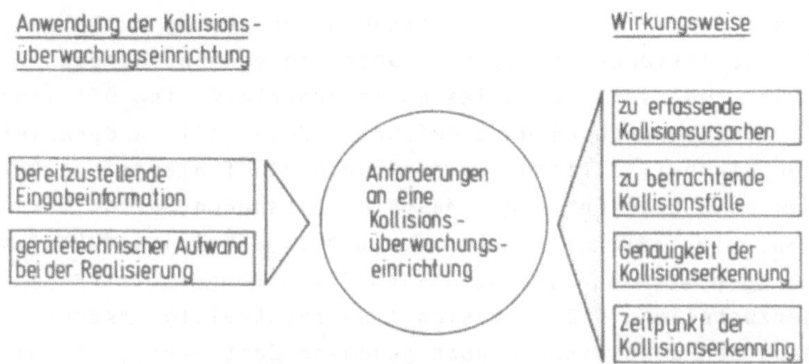

Bild 4.1 : Gesichtspunkte zur Festlegung der Anforderungen an eine Kollisionsüberwachungseinrichtung

Körper, die bei einer Werkzeugmaschine an Kollisionen beteiligt sein können, werden als <u>Kollisionseinheiten</u> bezeichnet. Sie können in folgende Gruppen eingeteilt werden:
- Maschineneinheiten,
- Werkzeugeinheiten,
- Aufspannvorrichtungseinheiten und
- Werkstückeinheiten.

Von einer Kollisionsüberwachungseinrichtung sollen alle zwischen diesen Kollisionseinheiten möglichen Kollisionen erkennbar sein.

Die zu betrachtenden Kollisionsfälle sind so zu überwachen, daß Durchdringungen sicher erkannt werden. Da diese in einem Digitalrechner immer nur mit einer endlichen Genauigkeit festgestellt werden können, muß hingenommen werden, daß in ungünstigen Fällen von einer Kollisionsüberwachungseinrichtung

Kollisionen angezeigt werden, die an der Maschine in Wirklich-
keit keine Kollisionen sind. Solche Fälle sollen bei der zu
entwickelnden Kollisionsüberwachungseinrichtung möglichst
selten auftreten.

Um den manuellen Arbeitsaufwand und die Maschinenbelegungs-
zeiten für das Testen von NC-Steuerdaten gering zu halten,
sollen Kollisionen möglichst frühzeitig erkannt werden. Dies
bedeutet, daß schon beim Testen im Probelauf eine Off-line-
Kollisionsüberwachung durchgeführt werden soll. Andererseits
können hierbei Kollisionen, die durch ein fehlerhaftes Be-
dienen beim Einrichten der Maschine entstehen, nicht erkannt
werden. Dies erfordert neben der Off-line-Kollisionsüberwa-
chung auch eine On-line-Kollisionsüberwachung. Hierbei ist
sicherzustellen, daß Kollisionen so rechtzeitig erkannt
werden, daß anschließend noch genügend Zeit verbleibt, um geeignete Maßnahmen zur Vermeidung von Schäden, z.B. durch Anhalten der Bewegungsvorgänge, durchführen zu können.

Bei der Verwirklichung einer Kollisionsüberwachungseinrichtung
ist darauf zu achten, daß neben den NC-Steuerdaten vom Programmierer wenige zusätzliche Informationen bereitzustellen
sind. Diese Eingaben vermindern zum einen die Effektivität bei
der Programmierung und stellen zum anderen neue Fehlermöglichkeiten dar. Die benötigten Informationen zur Beschreibung von
Konturen und Bewegungsvorgängen sollen möglichst weitgehend
aus bereits vorhandenen Informationen gewonnen werden.

Der gerätetechnische Aufwand ist aus Kosten- und Sicherheits-
gründen gering zu halten. Insbesondere soll die Kollisionsüberwachungseinrichtung auch einfach an TAB-Werkzeugmaschinen
installiert werden können.

4.2 Analyse bekannter Lösungen zur Kollisionsüberwachung

Um die gestellten Anforderungen an eine Kollisionsüberwachung
erfüllen zu können, sind bei der Realisierung prinzipiell

die im folgenden beschriebenen Strategien denkbar.

a) Kollisionserkennung mittels Sensoren

Bei dieser Strategie werden während der Bearbeitung eines
Probewerkstücks real auftretende Kollisionen mit Hilfe von
Sensoren, die z.B. den Kraftfluß zwischen Vorschubmotor und
Werkzeugschlitten überwachen, erfaßt /36, 37, 38/. Unter-
suchungen haben ergeben, daß bei einer Vorschubachse eines
Bearbeitungszentrums zum Zeitpunkt einer Kollision 95% der
Bewegungsenergie in den rotatorisch bewegten Teilen wie Vor-
schubmotor, Getriebestufe und Kugelrollspindel gespeichert
sind. Die translatorisch bewegten Teile wie Bettschlitten,
Maschinenständer und Spindelstock enthalten dagegen nur die
restlichen 5% /38/. Diese Tatsache ermöglicht nach erkannter
Kollision durch schnelles Trennen der rotatorisch bewegten
Teile von den translatorisch bewegten eine starke Verminderung
der resultierenden Schäden. Nachteilig ist bei dieser Vorgehensweise, daß Kollisionen immer zu Beschädigungen führen,
welche durch die Kollisionsüberwachungseinrichtung nur vermindert werden können.

b) Grafische Simulationssysteme

Grafische Simulationssysteme werden heute nicht nur in Programmiersystemen sondern auch in numerischen Steuerungen /39,
40,41/ eingesetzt. Es werden dabei z.B. bei einer Drehmaschine
die Umrisse des Futters, des Werkstücks und des Werkzeugs mit
Werkzeughaltern auf einem Bildschirm dargestellt und das Werkzeug entsprechend dem Bearbeitungsvorgang bewegt. Da bei
dieser Vorgehensweise Kollisionen nicht automatisch, sondern
visuell durch den bedienenden Menschen erkannt werden müssen,
eignet sich ein solches System nur für eine Off-line-Kolli-
sionsüberwachung. Für die Erkennung von Kollisionen, die, wie
z.B. bei Wälzfräsmaschinen, eine dreidimensionale Betrachtung

erfordern, sind die grafischen Verfahren ebenfalls sehr aufwendig. Sowohl bei Darstellungen in unterschiedlichen An-
sichten (Bild 4.2) als auch bei einer Darstellung der

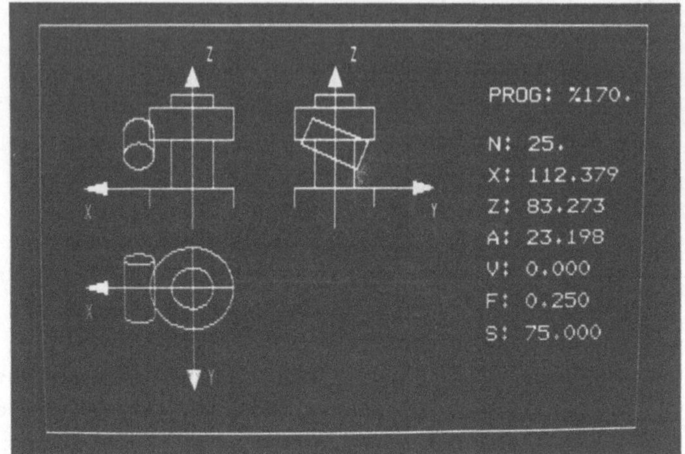

Bild 4.2 :   Grafische Darstellung von Werkzeug und Werkstück
bei einer Wälzfräsmaschine

kollisionsgefährdeten Körper in unterschiedlichen Schnittebenen sind Kollisionen nur sehr schwer feststellbar, weil die
jeweils günstigste Darstellungs- bzw. Schnittebene für alle
Kollisionsfälle manuell festzulegen ist.

c)   **Analytische Kollisionsüberwachung in einem mathematischen
Modell**

Die Durchführung von analytischen Kollisionsbetrachtungen in
der NC ermöglicht wie die Oberwachung mittels Sensoren eine
automatische Kollisionserkennung. Solche Verfahren sind für
unterschiedliche Fertigungseinrichtungen, wie
- Drehmaschinen /33, 42, 43, 44/,
- Fräsmaschinen /45, 46/,
- Schleifmaschinen /47/,

- Mehrkoordinaten-Meßgeräte /48/ sowie für
- Handhabungsgeräte und Industrieroboter /32, 49, 50, 51, 52/

bekannt. Die eingesetzten Verfahren lassen sich hinsichtlich der durchgeführten Kollisionsüberwachung in die in Bild 4.3 dargestellten zwei Gruppen der Punkt- und und Konturüberwachung einteilen.

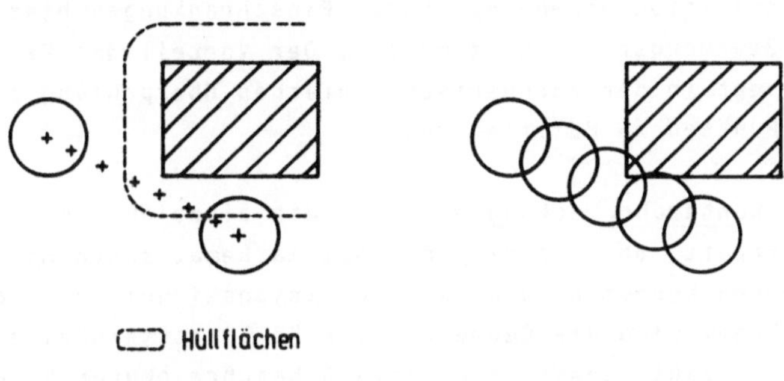

Bild 4.3 : Verfahren zur analytischen Kollisionsüberwachung

Bei einer Punktüberwachung werden von den bewegten Kollisionseinheiten jeweils bestimmte Punkte betrachtet. Um in einem allgemeinen Fall Kollisionen sicher erkennen zu können, sind für die stationären Kollisionseinheiten, wie in Bild 4.3 dargestellt, entsprechend den Abmessungen der beweglichen Kollisionseinheiten Hüllflächen festzulegen. Bei der Kollisionsüberwachung wird dann überprüft, ob der betrachtete Punkt einer beweglichen Kollisionseinheit auf seiner Bewegungsbahn solche Hüllflächen durchdringt. Die Hüllflächen müssen hierbei i.a. aus vielen Einzelflächen zusammengesetzt werden. Hinzu kommt, daß sie nicht konstant sind, sondern ständig wie folgt angepaßt werden müssen:

- Sich ändernde Geometrien bei den beweglichen Kollisionseinheiten, z.B. nach einem Aufspannvorrichtungs-, Werkstück- oder Werkzeugwechsel, erfordern auf sie bezogene Hüllflächen.

- Bei einer On-line-Kollisionsüberwachung müssen bei sich
  ändernden Bahngeschwindigkeiten die nach einer erkannten
  Kollision erforderlichen Bremswege bei der Festlegung der
  Hüllflächen berücksichtigt werden /32/.

Durch diese Gegebenheiten sind bei geometrisch und kinematisch
komplexen Werkzeugmaschinen, für welche nur stark vereinfachte
Hüllflächen bereitgestellt werden können, zugunsten einer
sicheren Kollisionserkennung starke Einschränkungen hinsichtlich der Bewegungsräume hinzunehmen. Der Vorteil des Verfahrens liegt in der rechnerisch einfachen Überprüfung der
Lage von Punkten zu Hüllflächen.

Bei einer <u>Konturüberwachung</u> wird für die einzelnen Kollisionsfälle überprüft, ob sich die in einem mathematischen Modell
beschriebenen Körperkonturen der Kollisionseinheiten durchdringen. Dabei wird die Geometrie der Kollisionseinheiten
durch eine Anzahl geometrisch einfach beschreibbarer Körper
angenähert. Eine ausreichend genaue Beschreibung kann hierbei
hauptsächlich bei überwiegend quaderförmigen oder rotationssymmetrischen Kollisionselementen erreicht werden. Der einfachen Beschreibung der Körpergeometrien steht bei diesem
Verfahren ein hoher Rechenaufwand bei der Überprüfung der
Körper auf Durchdringungen gegenüber.

Ein qualitativer Vergleich der beschriebenen Lösungsmöglichkeiten für die Verwirklichung einer Kollisionsüberwachungseinrichtung im Hinblick auf die in Abschnitt 4.1 festgelegten
Anforderungen ist in Tabelle 4.1 dargestellt. Es zeigt sich
bei dieser groben Gegenüberstellung, daß bei einer analytisch-
en Kollisionsüberwachung die besten Ergebnisse erwartet werden
können. Dabei sind wegen der beschriebenen Gegebenheiten bei
TAB-Werkzeugmaschinen prinzipiell nur Verfahren mit drei-
dimensionaler Durchdringungsüberprüfung geeignet. Die hierfür
bekannten Lösungen sind jedoch bei einem Einsatz für TAB-Werkzeugmaschinen sehr ungenau. Dies gilt sowohl für die hauptsächlich bei der Roboterprogrammierung eingesetzten Punkt-

- 45 -

überwachungen als auch wegen der vorausgesetzten einfachen
Körpergeometrien oder Maschinenkinematik für die Konturüber-
wachungen. Außerdem sind die bekannten Verfahren überwiegend
für die Realisierung in Programmiersystemen mit geringeren
Zeitanforderungen vorgesehen.

Anforderungen	Kollisionsüberwachung		
	mittels Sensoren	grafisch	analytisch
Erfassen der Kollisionsursachen	●	○	●
Überwachen aller Kollisionsfälle	◑	◑	●
Frühzeitiges Erkennen von Kollisionen	○	◑	●
Erreichbare Genauigkeit	●	○	◑
Vom Programmierer bereitzustellende Informationen	●	◑	◑
Gerätetechnischer Aufwand	○	○	◑

● Anforderung wird gut erfüllt
◑ Anforderung wird mittelmäßig erfüllt
○ Anforderung wird schlecht erfüllt

<u>Tabelle 4.1</u> : Bewertung von Verfahren zur Kollisionsüberwa-
chung für den Einsatz bei TAB-Werkzeugmaschinen

Im folgenden soll deshalb eine Kollisionsüberwachungseinrichtung entwickelt werden, die den in Abschnitt 4.1 genannten
Anforderungen gerecht wird. Durch Anwendung des Verfahrens zur
Konturüberwachung soll eine hohe Genauigkeit erreicht werden.
Dafür ist zunächst ein mathematisches Modell für die Bereitstellung der Informationen zur Durchdringungsüberprüfung festzulegen. Anschließend sind für die Durchdringungsüberprüfung
geeignete Algorithmen zu entwickeln, die insbesondere auch den
beim Einsatz in numerischen Steuerungen gegebenen Randbedin-
gungen, wie z.B. vorhandene Schnittstellen, verfügbarer
Speicherplatz und Rechenleistung, entsprechen.

4.3 Entwicklung eines mathematischen Modells zur analytischen Kollisionsüberwachung

4.3.1 Beschreibung der Kollisionsfälle

In einem mathematischen Modell zur Kollisionsüberwachung ist
zunächst anzugeben, welche Körperpaarungen bei einer TAB-Werkzeugmaschine auf Kollisionen zu überwachen sind. Hierfür
werden, wie in Bild 4.4 dargestellt, zunächst die Kollisionseinheiten Eh_1 ... Eh_m bestimmt. Die möglichen und deshalb von

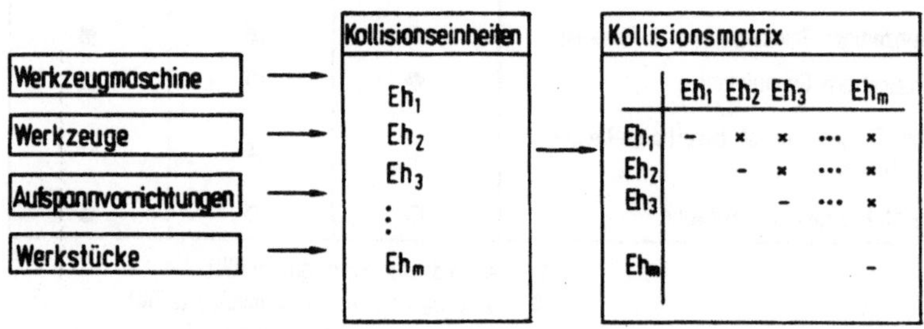

Bild 4.4 : Beschreibung der Kollisionsfälle in einer
Kollisionsmatrix

der Kollisionsüberwachungseinrichtung zu überwachenden
Kollisionsfälle werden in einer Matrix, im folgenden als
Kollisionsmatrix bezeichnet, angegeben.

Um diese Kollisionspaarungen auf Durchdringungen zu überwachen, müssen für die einzelnen Kollisionselemente jeweils
ihre Geometrie und die von ihnen durchgeführten Bewegungsvorgänge bekannt sein. Die Bereitstellung dieser Informationen
aus in der Steuerung zugänglichen Daten soll im folgenden
untersucht werden.

4.3.2 Beschreibung der Geometrie von Kollisionseinheiten

Die Geometrie der Kollisionseinheiten ist in einem dreidimensionalen Modell zu beschreiben. Prinzipiell sind hiefür zwei Alternativen zu betrachten:
- Beschreibung der Geometrie in einem diskreten Modell oder
- Beschreibung der Geometrie in einem analogen Modell.

In einem diskreten Modell wird der gesamte Raum, in dem sich Kollisionseinheiten befinden, als Punktmatrix beschrieben /53/. Es wird dann angegeben, in welchen Raumeinheiten sich Materie eines Kollisionselements befindet. Zum Erreichen einer hohen Genauigkeit ist bei diesem Modell eine sehr feine Unterteilung des Raums und damit ein sehr hoher Speicherplatzbedarf im Rechner erforderlich. Aus diesem Grund soll im folgenden ein analoges Modell angewendet werden.

In einem analogen Modell wird die Geometrie der Kollisionseinheiten ähnlich wie die Werkstückgeometrie in einem CAD-System /54, 55/ oder Programmiersystem /19/ in zwei Schritten beschrieben:
- Eine Kollisionseinheit (Eh_i) wird zunächst in geometrisch einfacher beschreibbare Kollisionselemente ($El_{i1} \ldots El_{im}$) unterteilt.
- Anschließend wird die Geometrie der Kollisionselemente (El_{ij}) durch analytisch beschreibbare Körper angenähert.

Eine Kollisionseinheit ist zum einen so zu unterteilen, daß die einzelnen Kollisionselemente mit den bei einer bestimmten Kollisionsüberwachungseinrichtung vorgesehenen Körperformen ausreichend genau beschrieben werden können. Zum anderen ist die Anzahl der festgelegten Kollisionselemente dabei möglichst gering zu halten, weil sie sehr stark in die für die Durchdringungsüberprüfung benötigte Rechenzeit eingeht.

Für die Beschreibung der Geometrie von Kollisionselementen in einem analogen Modell sollen folgende zwei Möglichkeiten untersucht werden :

- Beschreibung von Kollisionselementen durch orthogonale
  Hüllquader und
- Beschreibung von Kollisionselementen durch geometrische
  Grundkörper.

a) <u>Beschreibung von Kollisionselementen mittels orthogonaler
Hüllquader</u>

Unter einem orthogonalen Hüllquader wird nach /46, 48/ ein das
Kollisionselement umhüllender Quader verstanden, dessen Kanten parallel zu den Hauptachsen eines raumfesten xyz-Koordinatensystems verlaufen. Die Geometrie eines orthogonalen Hüllquaders wird, wie in Bild 4.5 dargestellt, durch die Länge (l_H
in x-Richtung), die Breite (b_H in y-Richtung) und die Höhe (h_H
in z-Richtung) beschrieben.

Der wesentliche Vorteil dieser Beschreibungsmöglichkeit ist,
wie in Abschnitt 4.4 noch gezeigt wird, die sehr einfache
Überprüfung solcher Körper auf Durchdringungen. Als Nachteile
sind jedoch die große Ungenauigkeit und die Abhängigkeit der
Abmessungen von der Orientierung der Kollisionselemente
bezüglich eines raumfesten Koordinatensystems zu nennen.

b) <u>Beschreibung von Kollisionseinheiten mittels geometrischer
Grundkörper</u>

Eine genauere Beschreibung von Kollisionselementen kann
mittels einhüllenden geometrischen Grundkörpern (engl.
"primitives" /56/) erreicht werden. Die in CAD-Systemen ge-
bräuchlichsten geometrischen Grundkörper sind Pyramiden- und
Kegelstümpfe mit den Sonderfällen Quader und Pyramide bzw.
Zylinder und Kegel. Für die Beschreibung der Abmessungen
dieser geometrischen Grundkörper wird ein x̄ȳz̄-Koordinaten-
system so definiert, daß die z̄-Achse auf der Achse des
Grundkörpers liegt (siehe Bild 4.5). Bei Pyramidenstümpfen

- 49 -

sind zusätzlich die $\bar{x}$- und $\bar{y}$-Achsen so zu legen, daß sie
parallel zu den Kanten der Grund- und Deckfläche verlaufen.

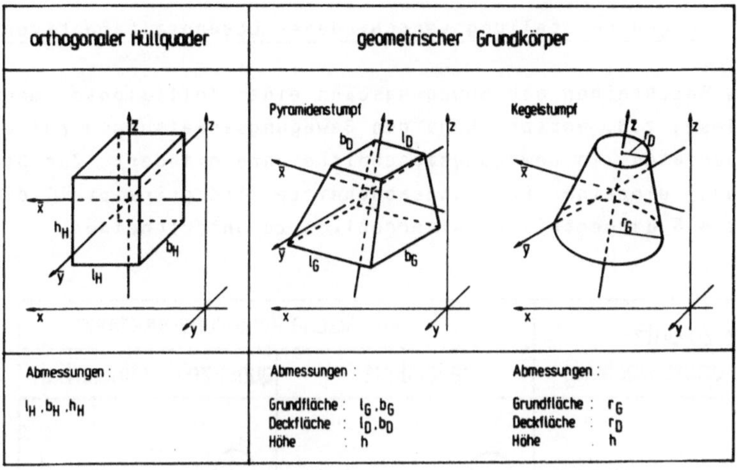

orthogonaler Hüllquader	geometrischer Grundkörper
Abmessungen :	Abmessungen :	Abmessungen :
l_H , b_H , h_H	Grundfläche : $l_G \cdot b_G$ Deckfläche : $l_D \cdot b_D$ Höhe : h	Grundfläche : r_G Deckfläche : r_D Höhe : h

Bild 4.5 : Möglichkeiten zur Beschreibung der Geometrie von
Kollisionselementen

Diese Koordinatensysteme werden im folgenden als
Körperkoordinatensysteme bezeichnet. Die Grundkörper können
dann, wie in Bild 4.5 für Pyramiden- und Kegelstümpfe gezeigt,
durch Parameterwerte vollständig beschrieben werden. Eine
solche parametrisierte Beschreibungsform ist auch für andere
geometrische Grundkörper möglich. Dem Vorteil der hohen Genauigkeit bei der Geometriebeschreibung steht bei dieser Beschreibungsform der erforderliche Rechenaufwand für Durchdringungsüberprüfungen nachteilig gegenüber. Hier soll deshalb sowohl eine Beschreibung der Kollisionselemente durch
orthogonale Hüllquader als auch durch geometrische Grundkörper
zugelassen werden.

4.3.3 Beschreibung der Bewegungsvorgänge von Kollisionselementen

4.3.3.1 Gegenüberstellung verschiedener Lösungsalternativen

Für das Beschreiben der Bewegungsbahn eines Kollisionselements wird diese, z.B. entsprechend den Bewegungsanweisungen aus den NC-Steuerdaten, in Bewegungsabschnitte untergliedert. Zur Beschreibung einzelner Bewegungsabschnitte sind prinzipiell die in Bild 4.6 dargestellten Alternativen zu unterscheiden.

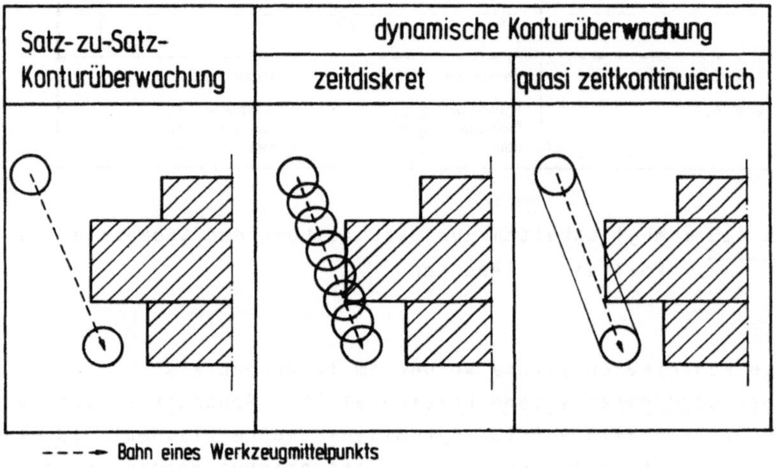

Bild 4.6 : Beschreibung von Bewegungsabschnitten

Bei einer Satz-zu-Satz-Kollisionsüberwachung wird für einen Bewegungsabschnitt nur der Anfangs- und Endpunkt betrachtet. An diesen Punkten wird auf Kollisionen überprüft. Die Kollisionsüberwachung erfolgt in diesem Fall satz-ereignisgesteuert. Kollisionen, die sich auf der Bewegungsbahn dazwischen ergeben, werden nicht erkannt.

Bei einer zeitdiskreten dynamischen Kollisionsüberwachung wird
in einem festen Zeitraster Δt_{ij}, also zeitgesteuert, auf Kollisionen überprüft. Die Bewegungsabschnitte werden hierbei durch
Bahnstützpunkte beschrieben. Um eine hohe Genauigkeit zu erreichen, sollen die Bahnstützpunkte möglichst nahe beieinander
liegen. Dafür ist ein möglichst kurzes Zeitraster für die
Durchführung von Kollisionsbetrachtungen zu fordern. In der
Praxis ist dabei ein Kompromiß zwischen den sich daraus ergebenden Rechenzeitanforderungen und der erreichbaren Genauigkeit festzulegen.

Bei einer quasizeitkontinuierlichen dynamischen Kollisionsüberwachung wird entlang der Bewegungsbahn kontinuierlich auf
Kollisionen überprüft /42/. Für eine solche Überprüfung sind
die bei der Bewegung der Kollisionseinheiten überstrichenen
Lufträume analytisch zu beschreiben. Dies ist jedoch nur für
geometrisch einfache Körper und Bewegungsbahnen mit einer in
Mikrorechnern abspeicherbaren Datenmenge möglich. Noch höhere
Anforderungen werden an den Rechenzeitbedarf für die Durchdringungsüberprüfung gestellt.

Die Gegenüberstellung der drei Lösungsmöglichkeiten zeigt, daß
sich für die Erfüllung der in Abschnitt 4.1 genannten Anforderungen im Zusammenhang mit den Gegebenheiten bei TAB-Werkzeugmaschinen eine zeitdiskrete dynamische Kollisionsüberwachung
am besten eignet. Hierfür sollen deshalb im nächsten Abschnitt
einige Genauigkeitsuntersuchungen durchgeführt werden.

4.3.3.2 Genauigkeitsuntersuchungen für eine zeitdiskrete dynamische Kollisionsüberwachung

Der Fehler bei einer zeitdiskreten Beschreibung des Bewegungs-
vorgangs eines Kollisionselements ist abhängig von dessen Bewegungsbahn, Geschwindigkeit und Geometrie sowie vom Zeitraster bei der Aufnahme der Bahnstützpunkte (siehe Bild 4.7).

Dieser Fehler e_d soll nun für einen zylinderförmigen Körper,
der auf einer Geradenbahn bewegt wird, genauer untersucht

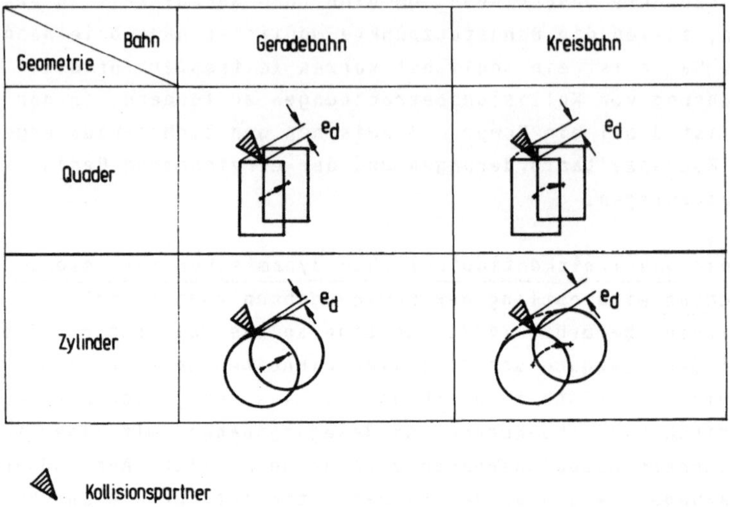

Geometrie \ Bahn	Geradebahn	Kreisbahn
Quader		
Zylinder		

◣ Kollisionspartner

Bild 4.7 : Fehlerabhängigkeiten bei einer zeitdiskreten Kollisionsüberwachung in der Ebene

werden. In Abhängigkeit vom Zylinderradius r_{Zy} und vom Wegraster $\Delta s_ü$ gilt :

$$e_d \;=\; r_{Zy} - 2\sqrt{4r_{Zy}^2 - \Delta s_ü^2} \tag{4.1}$$

Dieser Zusammenhang ist in Bild 4.8 links veranschaulicht.

Für das Wegraster $\Delta s_ü$ gilt:

$$\Delta s_ü \;=\; v_B \Delta t_ü \tag{4.2}$$

Durch Einsetzen dieser Gleichung in die Gleichung (4.1) kann
die Beziehung zum Berechnen des erforderlichen Überwachungs-
zeitrasters $\Delta t_{\ddot{u}}$ in Abhängigkeit vom Zylinderradius r_{Zy}, der
Bahngeschwindigkeit v_B und des zulässigen Fehlers e_d ermittelt werden:

$$\Delta t_{\ddot{u}} = \frac{2}{v_B} \sqrt{2 \, e_d \, r_{Zy} - e_d} \tag{4.3}$$

Diese Beziehung ist in Bild 4.8 rechts für die Forderung
$e_d \leq 0,5$ mm grafisch dargestellt. Damit ist z.B. bei einem

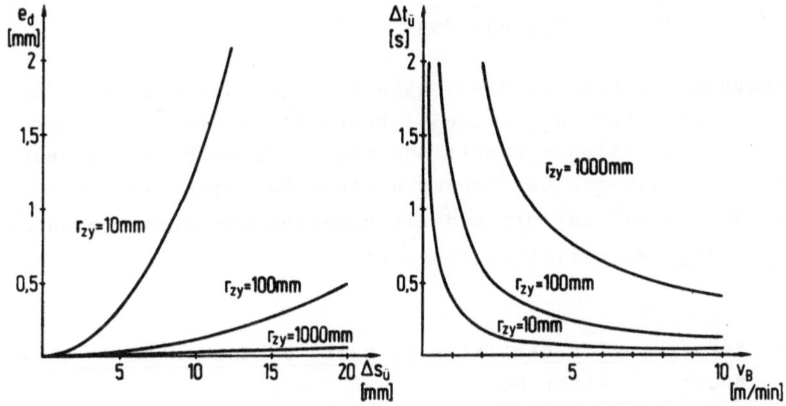

<u>Bild 4.8</u> : Maximaler Fehler und erforderliches Überwachungs-
zeitraster bei einer zeitdiskreten dynamischen
Kollisionsüberwachung

Zylinderradius r_{Zy} = 100 mm und einer maximalen Bahngeschwindigkeit v_B = 3 m/min ein Überwachungszeitraster $\Delta t_{\ddot{u}}$ = 0,4 s
zu fordern.

4.3.3.3 Lagewerte von Kollisionselementen

Bei einer zeitdiskreten dynamischen Kollisionsüberwachung ist
für jeden Überwachungszeitpunkt die Lage der einzelnen Kollisionselemente in einem raumfesten xyz-Koordinatensystem zu
ermitteln. Zur Bestimmung der Lage eines Kollisionselements in
diesem xyz-Koordinatensystem wird dessen Körperkoordinatensystem betrachtet. Die Lage eines Kollisionselements läßt sich
dann durch Angeben der Lage des Körperkoordinatensystems ($\overline{xyz}$-
Koordinatensystem) beschreiben. Für die Umrechnung von Koordi-
natenangaben zwischen diesen beiden Koordinatensystemen gilt
die Beziehung

$$
\begin{pmatrix} x \\ y \\ z \end{pmatrix} = \begin{pmatrix} a_1 \\ a_2 \\ a_3 \end{pmatrix} + \begin{pmatrix} a_{11} & a_{12} & a_{13} \\ a_{21} & a_{22} & a_{23} \\ a_{31} & a_{32} & a_{33} \end{pmatrix} \cdot \begin{pmatrix} \overline{x} \\ \overline{y} \\ \overline{z} \end{pmatrix}
\qquad (4.4)
$$

Die Komponenten des Veschiebungsvektors ($a_1 \ldots a_3$) und die
Richtungskosinusse ($a_{11} \ldots a_{33}$) beschreiben die Lage eines
bestimmten Kollisionselements und sollen deshalb im folgenden
als dessen Lagewerte bezeichnet werden. Der Verschiebungs-
vektor gibt dabei den Ort und die Richtungskosinusse geben die
Orientierung des Kollisionselements an.

4.3.4 Bereitstellen der Informationen für das mathematische
Modell in einer NC

4.3.4.1 Geometriebeschreibungen

Für das Bereitstellen der Geometriebeschreibungen von Kollisionseinheiten innerhalb einer NC ist zu unterscheiden
zwischen Kollisionseinheiten, deren Geometrie sich ändern
kann, und solchen, deren Geometrie sich bei einer bestimmten
Werkzeugmaschine nicht verändert. Die Informationen für die
unveränderlichen Kollisionseinheiten, das sind i.a. die Maschineneinheiten, können als maschinenspezifische Daten in
einem Festwertspeicher der Steuerung abgelegt werden.

Für die Kollisionseinheiten, deren Geometrie sich ändern kann,
nämlich die Werkzeuge, Aufspannvorrichtungen und Werkstücke,
muß die Möglichkeit vorgesehen werden, Geometriebeschreibungen
durch den Programmierer einzugeben. Hierbei erweist sich die
in Abschnitt 3.3.1 beschriebene Strukturierung der NC-Steuerdaten als vorteilhaft. Da für jedes Werkstück, Werkzeug und
jede Aufspannvorrichtung eine Parameterliste existiert, können
diese, wie in Bild 4.9 dargestellt, jeweils um Parameterwerte

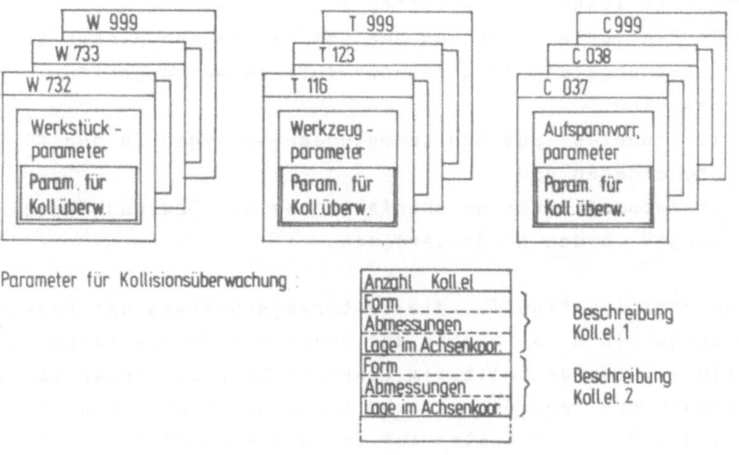

Bild 4.9 : Erweiterung von Parameterlisten für die Beschreibung von Kollisionselementen

für die Kollisionsüberwachung erweitert werden. Im einzelnen
ist dabei für jedes Kollisionselement dessen Geometrie und
Lage im Koordinatensystem einer Maschinenachse anzugeben. Auf
die Lage im Koordinatensystem einer Maschinenachse wird im
nächsten Abschnitt noch näher eingegangen.

Es ist noch anzumerken, daß die in Bild 4.9 angegebenen Parameterwerte zur Beschreibung der Kollisionselemente für die
Kollisionsüberwachung als korrekt vorauszusetzen sind. Es muß

dem Programmierer bewußt sein, daß eine Kollisionsüberwachung
nur dann mit den Gegebenheiten an der realen Maschine übereinstimmt, wenn diese Beschreibungen richtig eingegeben wurden.

4.3.4.2 <u>Lagewerte</u>

Die Lagewerte für die einzelnen Kollisionselemente sind in der
NC entsprechend den Anforderungen von Kapitel 4.1 in drei
unterschiedlichen Betriebsarten zu ermitteln:
- Im Einrichtebetieb aus den vom Maschinenbediener am
  Bedienungsfeld eingegebenen Vefahranweisungen für die
  Maschine,
- im Probelauf aus den Bewegungsanweisungen in den NC-
  Steuerdaten und
- im Automatikbetrieb ebenfalls aus den Bewegungsanwei-
  sungen in den NC-Steuerdaten.

Der Informationsfluß für die Weiterverarbeitung der Bewegungsanweisungen in einer NC bei den einzelnen Betriebsarten ist
in Bild 4.10 dargestellt. Im Einrichtebetrieb werden von einem
Funktionsblock "Bedienungs- und Steuerdaten Ein-/Ausgabe"
(BSEA) die Bewegungstasten auf dem Bedienungsfeld abgefragt
und interpretiert. Aus diesen Informationen werden aufbe-
reitete Bewegungsanweisungen, welche Angaben über die Inter-
polationsart, Verfahrwege und Geschwindigkeiten enthalten, in
einer Übergabeschnittstelle an den Funktionsblock "Geometriedatenverarbeitung" (GEO) übergeben. Der Funktionsblock GEO
interpoliert aus diesen Daten entsprechend dem Lageregeltakt
t_L Lage-Sollwerte für die einzelnen Maschinenachsen der TAB-
Werkzeugmaschine. Ein Programmodul "Lageregelung" bestimmt aus
diesen Lage-Sollwerten und aus den an der Maschine gemessenen
Lage-Istwerten die aktuell erforderlichen Sollgeschwindig-
keiten für die einzelnen Antriebe und gibt sie an diese aus.

Im Probelauf und im Automatikbetrieb der Steuerung werden die
an den GEO zu übergebenden Bewegungsanweisungen durch einen

Funktionsblock "NC-Datenverwaltung und -aufbereitung" (NCVA)
aus den NC-Steuerdaten ermittelt. Die Weiterverarbeitung

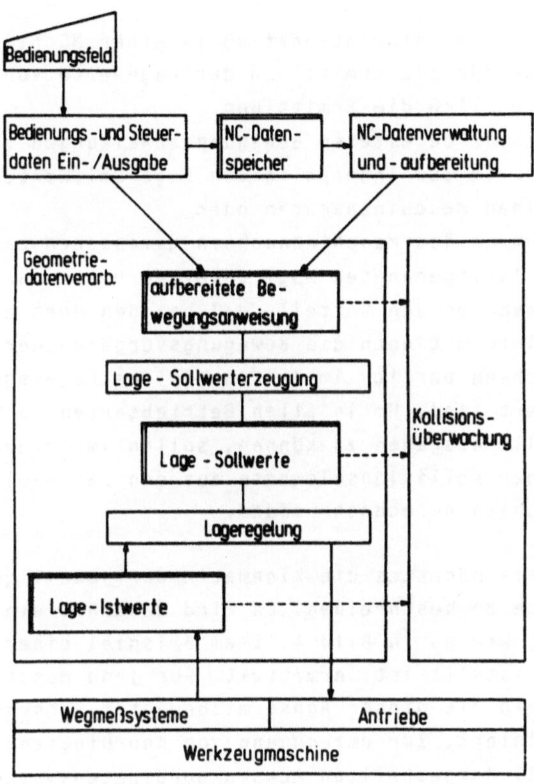

<u>Bild 4.10</u> :   Informationsfluß in einer NC für die Aufbereitung
             von Bewegungsanweisungen

dieser Informationen im Automatikbetrieb ist die gleiche wie
im Einrichtebetrieb. Dagegen werden im Probelauf die Lage-
Sollwerte zwar auch in der gleichen Weise erzeugt, sie werden

jedoch von dem Programmodul "Lageregelung" nicht übernommen. Sie werden in diesem Fall nur für das Anzeigen auf dem Bedienungsfeld ermittelt.

Der beschriebene Informationsfluß in einer NC bietet drei Ansatzpunkte für die Ermittlung der Lagewerte von Kollisionselementen, nämlich die Ermittlung
- aus den aufbereiteten Bewegungsanweisungen für den GEO,
- aus den im GEO interpolierten Lage-Sollwerten für die einzelnen Maschinenachsen oder
- aus den an den Maschinenachsen gemessenen Lage-Istwerten.
Die beiden letztgenannten Möglichkeiten bieten dabei gegenüber der erstgenannten den Vorteil, daß bei den dort zur Verfügung stehenden Informationen die Bewegungsvorgänge der einzelnen Maschinenachsen bereits im Zeitraster des Lageregeltakts diskretisiert sind. Um in allen Betriebsarten von der gleichen Schnittstelle ausgehen zu können, sollen im folgenden die Lagewerte der Kollisionselemente aus den Lage-Sollwerten der Maschinenachsen berechnet werden.

Dafür ist als nächstes die Kinematik der jeweiligen TAB-Werkzeugmaschine zu beschreiben. Es wird zunächst ein Ersatzschaltbild, wie es in Bild 4.11 am Beispiel einer Wälzfräsmaschine dargestellt ist, ermittelt. Für jede Maschinenachse wird dann ein mit dieser Achse mitbewegtes <u>Achsenkoordinatensystem</u> definiert. Zur Umrechnung von Koordinatenwerten aus den in Bild 4.11 dargestellten Achsenkoordinatensystemen in das raumfeste xyz-Koordinatensystem gelten folgende Beziehungen:

- aus dem $x^-y^-z^-$-Achsenkoordinatensystem auf der X-Maschinenachse:

$$\begin{pmatrix} x \\ y \\ z \end{pmatrix} = \begin{pmatrix} a_X \\ 0 \\ 0 \end{pmatrix} + \begin{pmatrix} x^- \\ y^- \\ z^- \end{pmatrix} \qquad (4.5\ a)$$

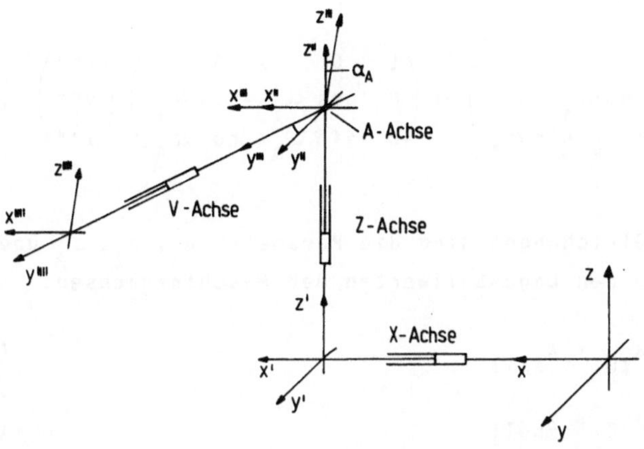

Bild 4.11 :   Kinematisches Ersatzschaltbild einer Wälzfräsmaschine

- aus dem x"y"z"-Achsenkoordinatensystem auf der Z-Maschi-
  nenachse:

$$\begin{pmatrix} x \\ y \\ z \end{pmatrix} = \begin{pmatrix} a_X \\ 0 \\ a_Z \end{pmatrix} + \begin{pmatrix} x" \\ y" \\ z" \end{pmatrix} \tag{4.5 b}$$

- aus dem x"ˉy"ˉz"ˉ-Achsenkoordinatensystem auf der
  A-Maschinenachse:

$$\begin{pmatrix} x \\ y \\ z \end{pmatrix} = \begin{pmatrix} a_X \\ 0 \\ a_Z \end{pmatrix} + \begin{pmatrix} 1 & 0 & 0 \\ 0 & \cos\alpha_A & -\sin\alpha_A \\ 0 & \sin\alpha_A & \cos\alpha_A \end{pmatrix} \begin{pmatrix} x"ˉ \\ y"ˉ \\ z"ˉ \end{pmatrix} \tag{4.5 c}$$

- aus dem x""y""z""-Achsenkoordinatensystem auf der
  V-Maschinenachse:

$$\begin{pmatrix} x \\ y \\ z \end{pmatrix} = \begin{pmatrix} a_X \\ a_V \cos \alpha_A \\ a_Z + a_V \sin \alpha_A \end{pmatrix} + \begin{pmatrix} 1 & 0 & 0 \\ 0 & \cos \alpha_A & -\sin \alpha_A \\ 0 & \sin \alpha_A & \cos \alpha_A \end{pmatrix} \begin{pmatrix} x"" \\ y"" \\ z"" \end{pmatrix} \qquad (4.5\ d)$$

Bei diesen Gleichungen sind die Parameter a_X, a_Z, α_A und a_V
abhängig von den Lage-Sollwerten der Maschinenachsen:

$$a_X = a_{Z0} + X_{soll} \qquad (4.6\ a)$$

$$a_Z = a_{Z0} + Z_{soll} \qquad (4.6\ b)$$

$$A = \alpha_{A0} + A_{soll} \qquad (4.6\ c)$$

$$a_V = a_{V0} + V_{soll} \qquad (4.6\ d)$$

Die Parameter a_{X0}, a_{Z0}, α_{A0} und a_{V0} geben die Lage der Achsen-
koordinatensysteme an, wenn die Lage-Sollwerte gleich 0 sind.

.Ist nun die Lage eines Kollisionselements in einem bestimmten
Achsenkoordinatensystem bekannt, dann kann mit Hilfe dieser
Gleichungen seine Lage im raumfesten xyz-Koordinatensystem abhängig von den Lage-Sollwerten der Maschinenachsen berechnet
werden. Die Lagewerte für stationäre Kollisionselemente werden
in der NC fest abgelegt. Für bewegliche Kollisionselemente ist
die Lage im zugeordneten Achsenkoordinatensystem, wie bereits
im Abschnitt 4.3.4.1 beschrieben, vom Programmierer einzugeben.

4.3.4.3 Berücksichtigung des Bremswegs bei einer On-line-Kollisionsüberwachung

Bei einer On-line-Kollisionsüberwachung muß gewährleistet
sein, daß eine im mathematischen Modell erkannte Kollision
durch rechtzeitiges Anhalten der Maschinenachsen vermieden

wird. Diesbezüglich sind in der Literatur Lösungen bekannt,
bei welchen die Körpergeometrien bzw. die Hüllflächen abhängig von der Bewegungsgeschwindigkeit und dem sich daraus
ergebenden Bremsweg größer dimensioniert werden /32, 34/.
Diese Verfahren haben jedoch den Nachteil, daß die Abmessungen der geometrischen Grundkörper jeweils in Abhängigkeit von der Bewegungsgeschwindigkeit und von der Bewegungs-
richtung zu ermitteln sind. Dies erfordert insbesondere bei
nichtlinearen Bewegungsbahnen (z.B. bei Kreisinterpolation),
daß die Abmessungen zu jedem Überwachungszeitpunkt neu bestimmt werden müssen.

Hier soll deshalb ein Verfahren untersucht werden, bei welchem
die Kollisionsüberwachungseinrichtung, ähnlich wie in /51/ für
eine Punktüberwachung beschrieben, zeitlich vorausschaut. Die
Abmessungen der geometrischen Grundkörper werden unabhängig
von Geschwindigkeiten und Bewegungsrichtungen nur entsprechend
den Abmessungen der Kollisionselemente festgelegt. Ein zeit-
liches Vorausschauen kann erreicht werden, wenn vom Funktionsblock GEO die Lage-Sollwerte der Maschinenachsen jeweils zeitlich vorauseilend ermittelt und in einen Ringspeicher abgelegt
werden (Bild 4.12). Zu einem Zeitpunkt t_0 werden dann, wie in

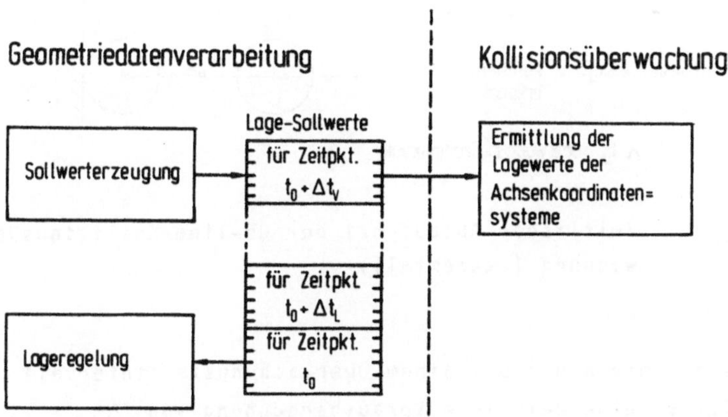

Bild 4.12 : Zeitliche Vorausberechnung von Lage-Sollwerten

Bild 4.12 dargestellt, die Lage-Sollwerte für den Zeitpunkt t_0 an die Maschinenachsen ausgegeben, während die Lage-Soll-werte für den Zeitpunkt $t_0 + \Delta t_v$ zur Kollisionsüberwachung herangezogen werden. Damit nach einer erkannten Kollision eine Bewegung geführt angehalten werden kann, muß zum Zeitpunkt $t_0 + 2 \Delta t_ü$ der in Bild 4.13 dargestellte Restweg s_{Rest} größer als der Bremsweg s_B sein. Damit ist zu fordern

$$\Delta t_v \geq \Delta t_ü + v_B/a_B \tag{4.7}$$

Zum Beispiel ist bei einer Beschleunigung bzw. Verzögerung einer Maschinenachse $a_B = 1 \ m/s^2$, einer maximalen Geschwindig-

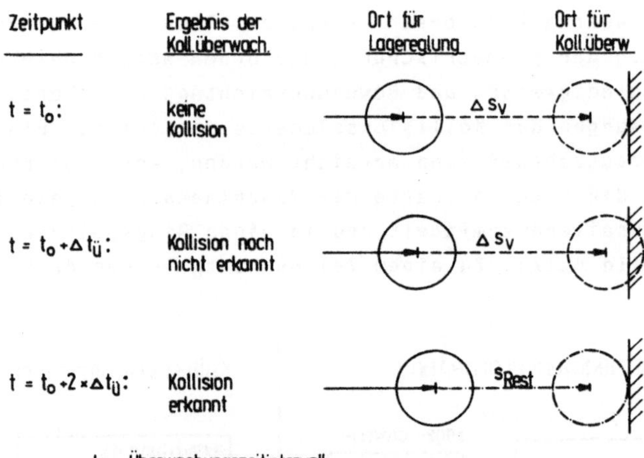

Bild 4.13 : Zeitlicher Ablauf bei der On-line-Kollisionsüber-wachung (Extremfall)

keit $v_B = 3 \ m/min$ und bei einem Oberwachungszeitintervall $\Delta t_ü = 0,4 \ s$ eine zeitliche Vorausberechnung von $\Delta t_v = 0.45 \ s$ erforderlich. Die Anzahl der von der Geometriedatenverarbeitung im voraus zu berechnenden Lage-Sollwerte kann dann durch die Gleichung

$$n_V = \text{aufgerundet } (\Delta t_V / \Delta t_L) \qquad\qquad (4.8)$$

berechnet werden. Bei einem Lageregeltakt von Δt_L = 5 ms sind bei dem oben betrachteten Beispiel immer mindestens 90 Lage-Sollwerte im voraus bereitzustellen.

4.4 Algorithmen zur Durchdringungsüberprüfung

In Abschnitt 4.3.2 wurden für die Geometriebeschreibung von
Kollisionselementen zwei Alternativen betrachtet:
- Beschreibung von Kollisionselementen durch orthogonale
  Hüllquader;
- Beschreibung von Kollisionselementen durch geometrische
  Grundkörper.

Für beide Möglichkeiten sollen im folgenden Algorithmen zur
Durchdringungsüberprüfung entwickelt werden. Dabei ist darauf
zu achten, daß die Aussage, "die Körper durchdringen sich
nicht", eine hohe Sicherheit aufweist. Ist eine solche Aussage
fehlerhaft, dann kann dies zu einer Kollision führen. Dagegen
darf die Aussage "die Körper durchdringen sich" eine geringere
Sicherheit aufweisen. Bei einer solchen Aussage wird davon
ausgegangen, daß sie der NC-Programmierer gegebenenfalls noch
einmal genauer untersucht. Da die hierfür erforderliche Zeit
in den Aufwand für das Testen der NC-Steuerdaten eingeht,
sollen auch hier möglichst wenige Aussagen fehlerhaft sein.

4.4.1 Durchdringungsüberprüfung für orthogonale Hüllquader

Die zu betrachtende Lage zweier orthogonaler Hüllquader im
Raum ist in Bild 4.14 dargestellt. Eine Nichtdurchdringung
kann hier sehr einfach erkannt werden. Die Abstände der Kör-
perbezugspunkte A_1 und A_2 in den einzelnen Koordinatenrich-
tungen müssen gleichzeitig geringer als die Summe der halben
Abmessungen in den jeweiligen Richtungen sein:

$$|x_{A1} - x_{A2}| \leq l_{H1} / 2 + l_{H2} / 2 \qquad (4.9\ a)$$

$$|y_{A1} - y_{A2}| \leq b_{H1} / 2 + b_{H2} / 2 \qquad (4.9\ b)$$

$$|z_{A1} - z_{A2}| \leq h_{H1} / 2 + h_{H2} / 2 \qquad (4.9\ c)$$

Wird von diesen Ungleichungen mindestens eine nicht erfüllt,
dann ist sichergestellt, daß sich die orthogonalen Hüllquader
nicht durchdringen.

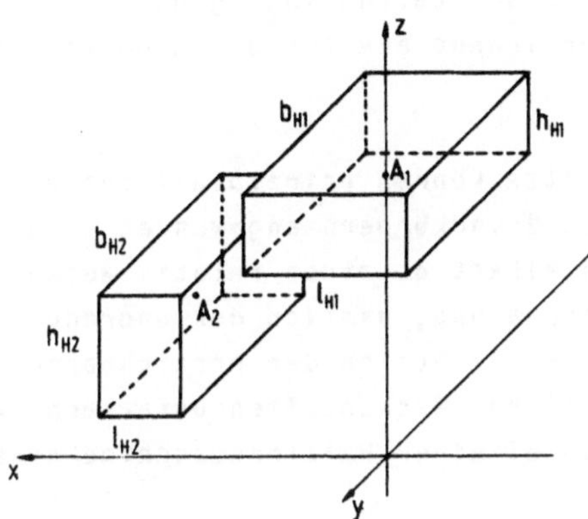

<u>Bild 4.14</u> :   Anordnung zweier orthogonaler Hüllquader

4.4.2   <u>Durchdringungsüberprüfung für geometrische Grundkörper</u>

Algorithmen zum Erkennen von Durchdringungen bei räumlich zueinander angeordneten geometrischen Grundkörpern sind zur Berechnung von Schnittlinien für die grafische Darstellung von
Werkstücken in CAD-Systemen /54, 55, 56/ und Programmiersystemen /57/ bereits bekannt. Für das Ermitteln von Schnittlinien
erfordern diese Algorithmen jedoch einen hohen Rechenaufwand.
Geht man zum Zwecke der Kollisionsüberwachung davon aus, daß
bei einer Durchdringungsüberprüfung nicht festgestellt werden
muß, wo sich zwei Körper durchdringen, sondern nur ob sie sich
durchdringen, dann können hinsichtlich der Rechenzeit weniger
aufwendige Algorithmen hergeleitet werden. Solche Algorithmen
sollen in diesem Abschnitt entwickelt und untersucht werden.
Es sind dabei folgende Lösungsansätze zu betrachten:

- Untersuchen zweier geometrischer Grundkörper in parallelen Schnittebenen;
- Aufteilen der Oberflächen der geometrischen Grundkörper
  in Einzelflächen und anschließende Untersuchung der
  Einzelflächen auf Durchdringungen;
- Suchen einer Trennebene für die geometrischen Grundkörper.

Diese Lösungsansätze können prinzipiell für alle Kombinationen
von geometrischen Grundkörpern angewendet werden. Im folgenden
sollen sie beispielhaft an einer relativ aufwendig zu überprü-
fenden Kollisionspaarung, nämlich der Anordnung zweier Kegelstümpfe im Raum, hinsichtlich der erreichbaren Genauigkeiten
und den erforderlichen Rechenzeiten untersucht werden. In Bild
4.15 ist am Beispiel einer Wälzfräsmaschine eine solche Anordnung dargestellt.

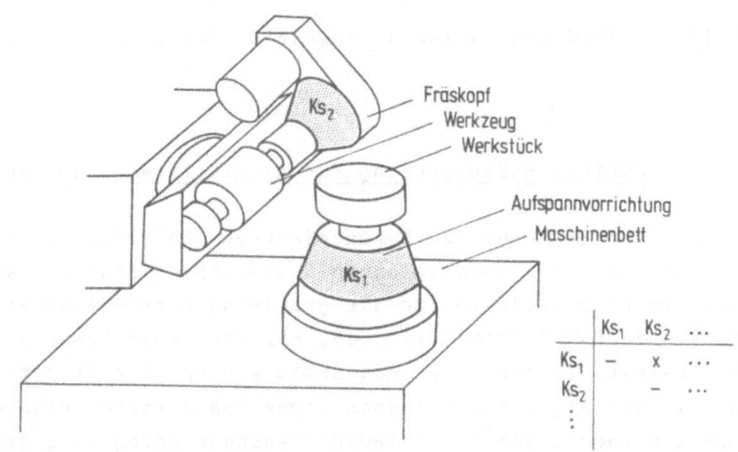

Bild 4.15 :   Anordnung geometrischer Grundkörper bei einer
              Wälzfräsmaschine

Zum Herleiten der für die Durchdringungsüberprüfung zu lösen-
den Gleichungen soll im folgenden davon ausgegangen werden,

daß der Kegelstumpf Ks_1 im Ursprung des raumfesten xyz-Koordinatensystems und die Körperachse des Kegelstumpfs Ks_2 in einer zur yz-Ebene parallelen Ebene liegt. Diese Voraussetzungen können durch Koordinatentransformation für beliebige Anordnungen zweier Kegelstümpfe erreicht werden. Zur Umrechnung von Koordinatenwerten zwischen dem xyz-Koordinatensystem und dem Körperkoordinatensystem des Kegelstumpfs Ks_2 ($\overline{xyz}$-Koordinatensystem) gelten dann folgende Beziehungen:

$$\begin{pmatrix} x \\ y \\ z \end{pmatrix} = \begin{pmatrix} x_{A2} \\ y_{A2} \\ z_{A2} \end{pmatrix} + \begin{pmatrix} 1 & 0 & 0 \\ 0 & \cos\alpha & -\sin\alpha \\ 0 & -\sin\alpha & \cos\alpha \end{pmatrix} \begin{pmatrix} \overline{x} \\ \overline{y} \\ \overline{z} \end{pmatrix} \qquad (4.10)$$

$$\begin{pmatrix} \overline{x} \\ \overline{y} \\ \overline{z} \end{pmatrix} = \begin{pmatrix} \overline{x}_{A1} \\ \overline{y}_{A1} \\ \overline{z}_{A1} \end{pmatrix} + \begin{pmatrix} 1 & 0 & 0 \\ 0 & \cos\alpha & \sin\alpha \\ 0 & -\sin\alpha & \cos\alpha \end{pmatrix} \begin{pmatrix} x \\ y \\ z \end{pmatrix} \qquad (4.11)$$

$$\text{wobei} \quad \begin{aligned} \overline{x}_{A1} &= -x_{A2} \\ \overline{y}_{A1} &= -y_{A2}\cos\alpha - z_{A2}\sin\alpha \\ \overline{z}_{A1} &= y_{A2}\sin\alpha - z_{A2}\cos\alpha \end{aligned}$$

Für die folgende Herleitung der Rechenalgorithmen zur Durchdringungsüberprüfung wird zusätzlich vorausgesetzt, daß es sich bei den Kegelstümpfen jeweils nicht um die Sonderform eines Zylinders handelt.

4.4.2.1 Untersuchung zweier Kegelstümpfe in parallelen Schnittebenen

Bei diesem Verfahren wird die Durchdringungsüberprüfung für zwei Kegelstümpfe auf eine Anzahl zweidimensionaler Überprüfungsaufgaben zurückgeführt. Die beiden betrachteten Kegelstümpfe werden hierfür, wie in Bild 4.16 dargestellt, in

Ebenen E_j, für die $z = z_j$ gilt, geschnitten. In den einzelnen
Schnittebenen werden dann die Schnittflächen paarweise auf
Durchdringung untersucht. Die Abstände Δz und damit die Anzahl
n_S der Schnittebenen sind entsprechend der geforderten Genauigkeit festzulegen.

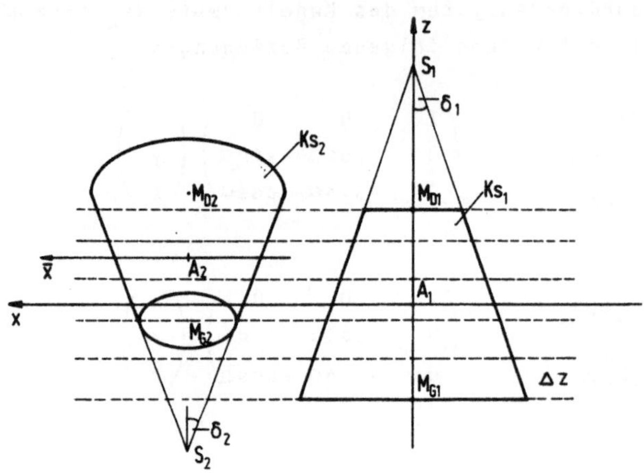

<u>Bild 4.16</u> : Untersuchung paralleler Schnitte durch die Kegel-
stümpfe

a) <u>Schnittflächen des Kegelstumpfs Ks_1</u>

Die Schnittflächen des Kegelstumpfs Ks_1 in den Ebenen $z = z_j$
lassen sich durch Kreise beschreiben. Für die Kreisgleichung
gilt:

$$x^2 + y^2 = (z_{S1} - z_j)^2 \tan^2 \delta_1 \qquad\qquad (4.12)$$

b) <u>Schnittflächen des Kegelstumpfs Ks_2</u>

Die Schnittflächen des Kegelstumpfs Ks_2 sind durch Kegel-
schnittgleichungen und Geradengleichungen zu beschreiben. Die

Art des Kegelschnitts, d.h. ob es sich um einen Kreis, eine
Ellipse, Parabel oder Hyperbel handelt, ist abhängig vom
Kegelöffnungswinkel δ_2 und der Orientierung des Kegelstumpfs
bezüglich der z-Achse α. Für den Fall

$$0 < \alpha < \delta_2$$

ergibt sich, wie im Bild 4.17 dargestellt, als Kegelschnitt
eine Ellipse:

$$\frac{(x - x_0)^2}{a^2} + \frac{(y - y_0)^2}{b^2} = 1 \qquad (4.13)$$

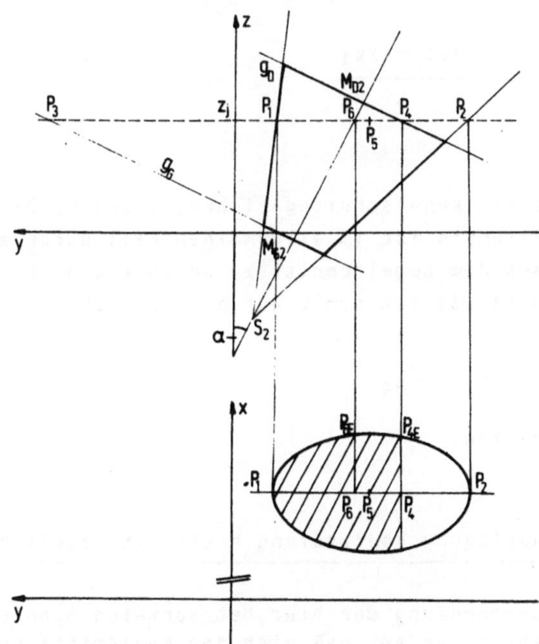

Bild 4.17 : Schnitte durch den Kegelstumpf Ks_2 in den Ebenen
$x = x_{A2}$ und $z = z_j$

Die Parameterwerte für diese Ellipsengleichung lassen sich mit Hilfe der in Bild 4.17 dargestellten Punkte P_1 ... P_6 und P_{6E} bestimmen:

- Für die Lage des Ellipsenmittelpunkts gilt:

$$x_0 = x_{P5} \tag{4.14}$$

$$y_0 = y_{P5} \tag{4.15}$$

- Die Ellipsenhalbachsen berechnen sich wie folgt:

$$a = \frac{(x_{P6E} - x_0)\, b}{\sqrt{b^2 - (y_{P6E} - y_0)^2}} \tag{4.16}$$

$$b = \frac{y_{P2} - y_{P1}}{2} \tag{4.17}$$

Damit ist die Kegelschnittgleichung bekannt. Die Schnittfläche des Kegelstumpfs ist im allgemeinen Fall durch einen Ausschnitt aus dem Kegelschnitt zu beschreiben. Die Ellipsengleichung (4.13) ist somit auf den Bereich

$$y_{P3} \leq y \leq y_{P4} \tag{4.18}$$

zu beschränken.

c) **Durchdringungsüberprüfung Kreis mit Kegelschnittausschnitt**

Bei der Überprüfung der hier betrachteten Schnittflächen kann vorausgesetzt werden, daß sich der Kreismittelpunkt außerhalb des Ellipsenausschnitts befindet. Hiervon ausgehend werden im 1. und 4. Quadranten für die Lage des Kreismittelpunkts, wie in Bild 4.18 dargestellt, fünf Bereiche festgelegt. Liegt der

Kreismittelpunkt im 2. oder 3. Quadranten, so ist er vorher
an der y-Achse zu spiegeln. Zur Durchdringungsüberprüfung ist

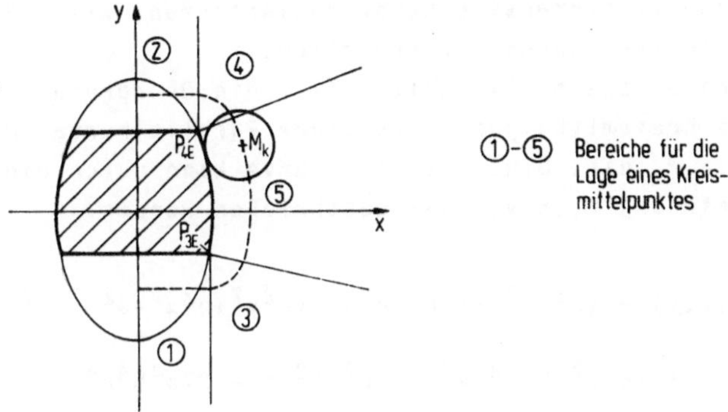

Bild 4.18 :   Bereiche für die Lage des Kreismittelpunkts zum
Ellipsenausschnitt

zunächst festzustellen, in welchem Bereich sich der Kreismittelpunkt M_K befindet. Für die einzelnen Bereiche gilt:

- Bei M_K im Bereich 1 oder 2:
  Der Kreis und der Ellipsenausschnitt durchdringen sich
  nicht, wenn der Abstand zwischen M_K und der Geraden
  $y = y_{P3E}$ bzw. $y = y_{P4E}$ größer ist als der Radius r_K.

- Bei M_K im Bereich 3 oder 4:
  Der Kreis und der Ellipsenausschnitt durchdringen sich
  nicht, wenn der Abstand zwischen M_K und dem Punkt P_{3E}
  bzw. P_{4E} größer ist als der Radius r_K.

- Bei M_K im Bereich 5:
  Der Kreis und der Ellipsenausschnitt schneiden sich genau
  dann nicht, wenn sich der Kreis und die Ellipse nicht

schneiden. Um dies zu überprüfen, kann die Kreisgleichung
(4.12) in die Ellipsengleichung (4.13) eingesetzt werden.
Die entstehende Gleichung 4. Ordnung ist dann hinsichtlich reeller Lösungen zu untersuchen. Hierfür sind
rechenzeitintensive Näherungsverfahren, wie z.B. das
Newton-Verfahren, erforderlich.
Eine andere Möglichkeit stellt die Überprüfung der Lage
des Kreismittelpunkts zu einer Parallelkurve im Abstand
$c = r_K$ dar. Diese Parallelkurve kann durch die Toroidengleichung $f_T(x,y)$ /59/ beschrieben werden:

$$
\begin{aligned}
f_T(x,y) = {} & (x^2+y^2-a^2-b^2-c^2)^2 \, (a^2y^2+b^2x^2-a^2c^2-b^2c^2-a^2b^2)^2 \\
& + 4a^2b^2c^2(x^2+y^2-a^2-b^2-c^2)^3 - 27a^4b^4c^4 \\
& + 18a^2b^2c^2(x^2+y^2-a^2-b^2-c^2)(a^2y^2+b^2x^2-a^2c^2-b^2c^2-a^2b^2) \\
& + 4(a^2y^2+b^2x^2-a^2c^2-b^2c^2-a^2b^2)^3 \\
& = 0
\end{aligned}
\tag{4.19}
$$

Durch Einsetzen der Koordinatenwerte x_{MK} und y_{MK} des Kreismittelpunkts in die Funktion $f_T(x,y)$ kann festgestellt werden, ob
er innerhalb oder außerhalb der Toroide liegt. Es gilt z.B.
unter der Voraussetzung $r_K \leq a^2/b$ und $a < b$, daß sich bei

$$
f_T(x_{MK},y_{MK}) > 0
\tag{4.20}
$$

der Kreis und die Ellipse nicht schneiden /60/. Da die
Toroidengleichung mehrere gleiche Terme enthält, kann sie
auf einem Digitalrechner sehr schnell berechnet werden.

Die beschriebene Vorgehensweise zur Durchdringungsüberprüfung
eines Kreises mit einem Ellipsenausschnitt läßt sich in ähn-
licher Weise auch für die anderen Arten von Kegelschnitten
anwenden.

d) <u>Fehlerbetrachtungen</u>

Für die Untersuchung der Fehler des beschriebenen Verfahrens
wird die parallele und die senkrechte Anordnung zweier Kegelstümpfe betrachtet. Bei paralleler Orientierung können sie
sich im Extremfall, wie im Bild 4.19 dargestellt, durch-

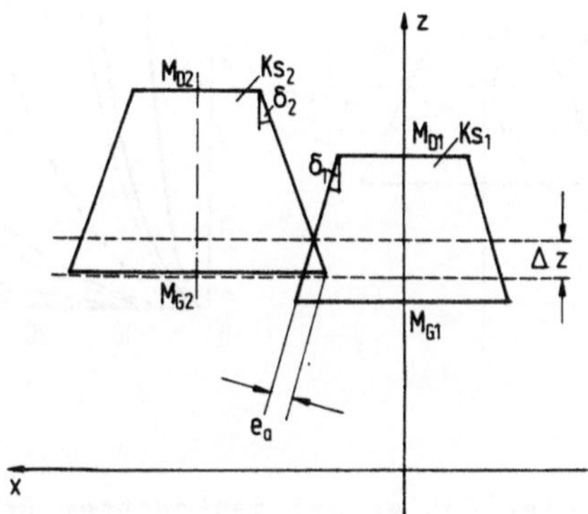

<u>Bild 4.19</u> :   Maximale Fehler bei paralleler Orientierung
              zweier Kegelstümpfe

dringen, ohne daß dies bei den Schnittebenenuntersuchungen
erkannt wird. Der Fehler e_a kann jedoch eliminiert werden,
wenn zusätzlich die Schnittebenen $z = z_{MG2}$ und $z = z_{MD2}$
untersucht werden.

Bei senkrecht zueinander angeordneten Kegelstümpfen beträgt
der maximale Fehler

$$e_a = \min\{r_{G2}, r_{D2}\} + \sqrt{\min{}^2\{r_{G2}, r_{D2}\} - \Delta z^2/4 \cos{}^2\delta_1} \quad (4.21)$$

$$\text{wobei} \quad \Delta z < 2 \min\{r_{G2}, r_{D2}\} \cos{}^2\delta_1$$

zu fordern ist. Die Abhängigkeit dieses Fehlers von den Kegel-
stumpfabmessungen und dem Abstand der Schnittebenen ist in
Bild 4.20 grafisch dargestellt. Daraus kann abgeleitet werden,

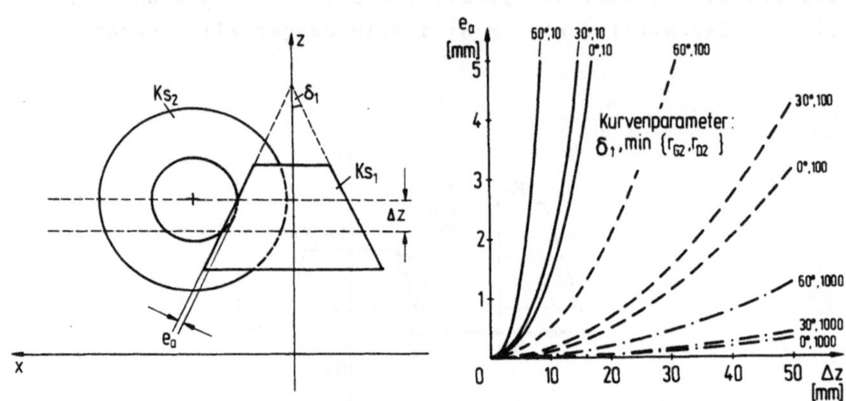

Bild 4.20 :   Maximaler Fehler bei senkrechter Orientierung
              zweier Kegelstümpfe

daß bei einer Paarung zweier Kegelstümpfe Δz umso größer
gewählt werden darf, je kleiner der Radius der Grund- bzw.
Deckfläche des als Ks_2 bezeichneten Kegelstumpfs ist. Die
geringste Anzahl zu untersuchender Schnittebenen für einen
bestimmten maximal zulässigen Fehler ergibt sich, wenn
Schnittebenen parallel zur Grund- und Deckfläche des
Kegelstumpfs untersucht werden, bei dem

$$n_{Si} = \frac{h_i}{\Delta z_i} \qquad (i = 1, 2) \qquad\qquad (4.22)$$

ein Minimum ergibt. Dabei ist der Abstand Δz_i jeweils, wie
oben beschrieben, für den maximal zulässigen Fehler zu bestimmen.

4.4.2.2 Untersuchung zweier Kegelstümpfe über ihre Oberflächen

Bei diesem Verfahren werden die Oberflächen der betrachteten geometrischen Grundkörper zunächst in Einzelflächen aufgeteilt, welche anschließend auf Durchdringungen zu überprüfen sind.

a) Unterteilung der Oberflächen in Einzelflächen

Für die beiden in Bild 4.15 dargestellten Kegelstümpfe Ks_1 und Ks_2 wird die Oberfläche jeweils in eine Grundfläche (G_1 und G_2), eine Mantelfläche (M_1 und M_2) und eine Deckfläche (D_1 und D_2) eingeteilt. Im allgemeinen Fall kann sich jede Einzelfläche des Kegelstumpfs Ks_1 mit jeder Einzelfläche des Kegelstumpfs Ks_2 durchdringen. Es sind somit die in Bild 4.21

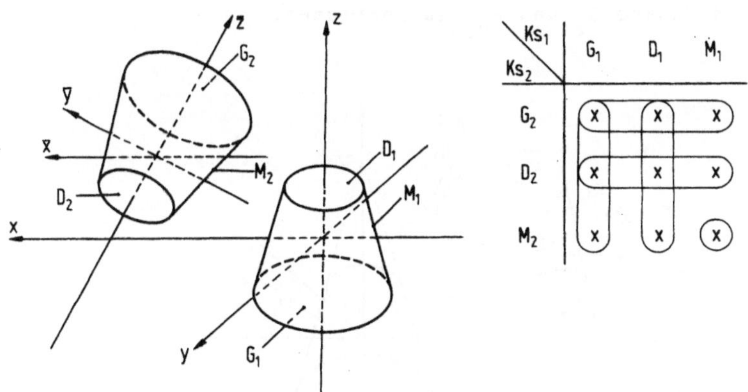

Bild 4.21 : Durchdringungsmöglichkeiten der Oberflächen zweier Kegelstümpfe

dargestellten Durchdringungsmöglichkeiten zu untersuchen. Dabei kann eine vollständige Überprüfung in 5 Schritten durchgeführt werden. Zunächst wird überprüft, ob die 4 ebenen Einzelflächen den Körper des jeweils anderen Kegelstumpfs

durchdringen. Für diese Überprüfungen kann die in Abschnitt
4.4.2.1 für die Untersuchung von Schnittebenen beschriebene
Vorgehensweise angewendet werden. Wird dabei keine Durchdringung festgestellt, dann ist anschließend noch zu überprüfen,
ob sich auch die beiden Mantelflächen M_1 und M_2 nicht durchdringen. Hierfür wird im folgenden ein Näherungsverfahren
untersucht.

b) <u>Näherungsverfahren für die Untersuchung der Mantelflächen
zweier Kegelstümpfe auf Durchdringungen</u>

Es werden, wie in Bild 4.22 dargestellt, Mantellinien auf dem
Mantel M_2 betrachtet. Für diese Mantellinien ist zu überprüfen, ob sie die Mantelfläche M_1 schneiden.

Es sind zunächst die Koordinatenwerte der im Bild 5.22 dargestellten Punkte S_2 und P_{Dj} zu bestimmen.

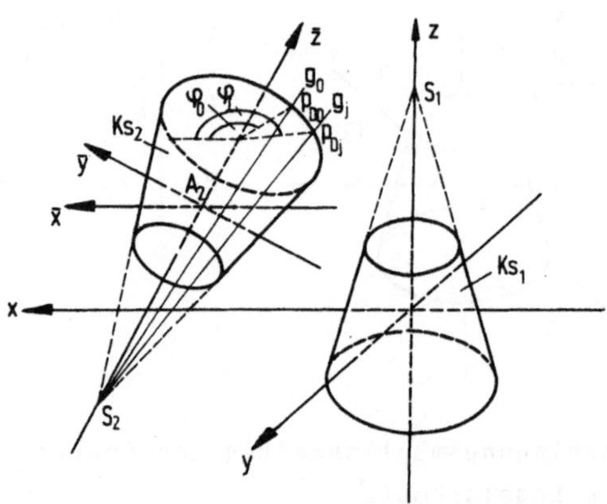

<u>Bild 4.22</u> : Mantellinien auf dem Kegelstumpf Ks_2

Damit können die Gleichungen zur Beschreibung einer Mantellinie g_j aufgestellt werden :

$$g_j: \quad x = x_{S2} - \frac{x_{PDj} - x_{S2}}{z_{PDj} - z_{S2}} z_{S2} + \frac{x_{PDj} - x_{S2}}{z_{PDj} - z_{S2}} z \qquad (4.23\ a)$$

$$y = y_{S2} - \frac{y_{PDj} - y_{S2}}{z_{PDj} - z_{S2}} z_{S2} + \frac{y_{PDj} - y_{S2}}{z_{PDj} - z_{S2}} z \qquad (4.23\ b)$$

Anschließend werden diese beiden Gleichungen in die Kegel-
gleichung

$$Ke_1: \quad x^2 + y^2 = (z - z_{S1})^2 \tan^2 \delta_1$$

eingesetzt. Damit ergibt sich für die Schnittpunkte:

$$z_{1,2} = \frac{- k_2 \pm \sqrt{k_2^2 - 4\ k_1\ k_3}}{2\ k_1} \qquad (4.24)$$

wobei:

$$k_1 = \frac{(x_{PDj} - x_{S2})^2 + (y_{PDj} - y_{S2})^2}{(z_{PDj} - z_{S2})^2} - \tan^2 \delta_1 \qquad (4.25\ a)$$

$$k_2 = 2(x_{S2} + y_{S2}) - z_{S2} \frac{(x_{PDj} - x_{S2})^2 + (y_{PDj} - y_{S2})^2}{(z_{PDj} - z_{S2})^2}$$

$$+ 2\ z_{S1} \tan^2 \delta_1 \qquad (4.25\ b)$$

$$k_3 = - z_{S1}^2 \tan \delta_1 + (x_{S2} - z_{S2} \frac{x_{PDj} - x_{S2}}{z_{PDj} - z_{S2}})^2$$

$$+ (y_{S2} - z_{S2} \frac{y_{PDj} - y_{S2}}{z_{PDj} - z_{S2}})^2 \qquad (4.25\ c)$$

Zur Durchdringungsüberprüfung ist festzustellen, ob es einen
reellen Schnittpunkt gibt, d.h. ob die Diskriminante aus Gleichung (4.24) größer oder gleich Null ist. Gibt es keinen reellen Schnittpunkt, dann ist die nächste Mantellinie zu untersuchen. Existiert ein reeller Schnittpunkt, dann ist noch zu
überprüfen, ob dieser auf der Mantelfläche M_1 liegt, d.h.

$$z_{MG1} \le z_1 \le z_{MD1} \qquad \text{oder} \quad z_{MG1} \le z_2 \le z_{MD1} \qquad (4.26)$$

und auf der Mantelfläche M_2 liegt, d.h.

$$\bar{z}_{MG2} \le \bar{z}_1 \le \bar{z}_{MD2} \qquad \text{oder} \quad \bar{z}_{MG2} \le \bar{z}_2 \le \bar{z}_{MD2} \quad . \qquad (4.27)$$

Dabei ist zu bemerken, daß die Lage eines Schnittpunkts bezüglich der Mantelfläche M_1 direkt mit Hilfe der Bedingungen
(4.26) überprüft werden kann. Für die Bedingungen (4.27) ist
jedoch ein erheblich größerer Rechenaufwand erforderlich. Die
Werte $\bar{z}_1$ und $\bar{z}_2$ können erst, nachdem sämtliche Koordinatenwerte des Schnittpunkts im xyz-Koordinatensystem (x_1,y_1,z_1
bzw. x_2,y_2,z_2) berechnet wurden, durch Koordinatentransformation ermittelt werden.

c) <u>Fehlerbetrachtungen</u>

Bei dem beschriebenen Näherungsverfahren ist für die Bestimmung des maximal möglichen Fehlers die parallele Anordnung
zweier Kegelstümpfe zu untersuchen. Der in Bild 4.23 dargestellte Fehler e_a berechnet sich nach der Gleichung

$$e_a = \max\{r_{G2}, r_{D2}\}\left(1 - \cos\frac{\Delta\varphi}{2}\right) + \min\{r_{G1}, r_{D1}\}$$
$$- \sqrt{\left(\min\{r_{G1}, r_{D1}\}\right)^2 - \left(\max\{r_{G2}, r_{D2}\}\sin\frac{\Delta\varphi}{2}\right)^2} \qquad (4.28)$$

$$\text{wobei} \quad \max\{r_{G2}, r_{D2}\} \sin \frac{\Delta\varphi}{2} < \min\{r_{G1}, r_{D1}\}$$

zu fordern ist. Die Abhängigkeit des Fehlers e_a von den Abmessungen der Kegelstümpfe und vom Winkelschritt $\Delta\varphi$ ist in Bild 4.23 veranschaulicht.

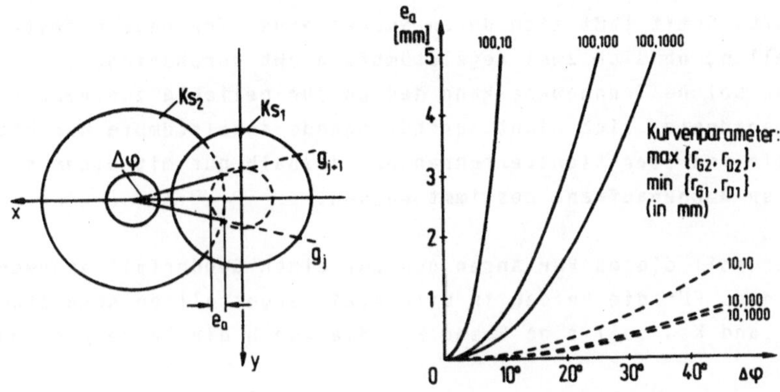

<u>Bild 4.23</u> :   Maximaler Fehler bei der Oberprüfung von Mantel-
flächen auf Durchdringungen

Es ist zu erkennen, daß der Fehler e_a umso kleiner wird, je kleiner das Verhältnis $\max\{r_{G2}, r_{D2}\} : \min\{r_{G1}, r_{D1}\}$ wird. Hieraus ist bei einer Paarung zweier Kegelstümpfe zu ermitteln, auf wessen Mantel die Mantellinien zu legen sind, um für einen geforderten maximalen Fehler e_a möglichst wenige Mantellinien untersuchen zu müssen.

4.4.2.3 Untersuchung zweier Kegelstümpfe mittels Oberprüfung einer Trennebene

Als konvexe Körper werden nach /61/ solche Körper bezeichnet, bei denen die Verbindungsgerade zweier beliebiger Körperpunkte vollständig innerhalb des Körpers verläuft. Für zwei konvexe Körper, die sich nicht durchdringen, gilt, daß mindestens eine Trennebene existiert, die zwischen den beiden Körpern verläuft. Somit läßt sich durch Suchen einer Trennebene feststellen, ob sich zwei Kegelstümpfe nicht durchdringen. Eine solche Trennebene kann jedoch für beliebig zueinander angeordnete, sich nicht durchdringende Kegelstümpfe nur mit Hilfe von Iterationsverfahren und deshalb nur mit einem sehr hohen Rechenaufwand bestimmt werden.

Hier soll dieses Verfahren nun auf einen Sonderfall angewendet werden. Für die beiden in Bild 4.24 dargestellten Kegelstümpfe Ks_1 und Ks_2 soll eine Ebene E_t, die durch die Tangenten von

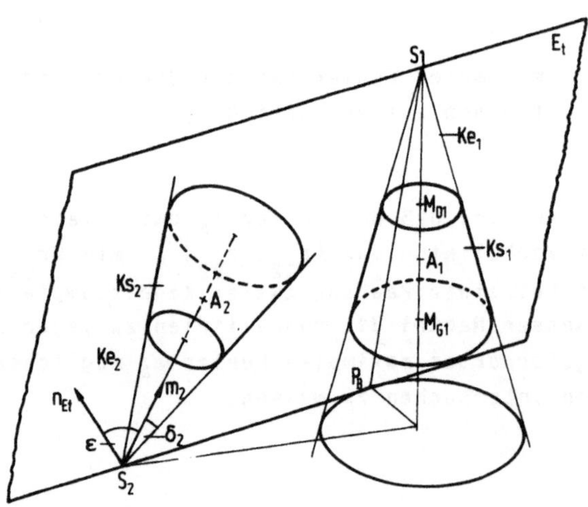

Bild 4.24 : Trennebene für zwei Kegelstümpfe

der Kegelspitze S_2 an den Kegelstumpf Ks_1 bestimmt wird, als Trennebene untersucht werden.

Es wird zunächst der Berührungspunkt P_B der Tangente von der Kegelspitze S_2 an den Kegel Ke_1 in der Ebene $z = z_{S2}$ bestimmt. Mit den Koordinatenwerten der Punkte S_1, S_2 und P_B kann die Gleichung des Normalenvektors auf der Ebene E_t wie folgt angegeben werden:

$$\underline{n}_{Et} = \overrightarrow{S_1 S_2} \times \overrightarrow{S_1 P_B}$$

$$= \begin{pmatrix} (y_{S2} - y_{PB})\,(z_{S2} - z_{S1}) \\[2mm] (x_{PB} - x_{S2})\,(z_{S2} - z_{S1}) \\[2mm] x_{S2}\,y_{PB} - x_{PB}\,y_{S2} \end{pmatrix} = \begin{pmatrix} x_{Et} \\[2mm] y_{Et} \\[2mm] z_{Et} \end{pmatrix} \tag{4.29}$$

Um festzustellen, ob sich die Kegelstümpfe Ks_1 und Ks_2 nicht durchdringen, wird überprüft, ob der Kegelstumpf Ks_1 die Ebene E_t nicht schneidet. Hierzu ist der Winkel ε zwischen dem Normalenvektor $\underline{n}_{Et}$ und dem Vektor $\underline{m}_2$ von der Kegelspitze S_2 zum Körperbezugspunkt A_2 zu bestimmen:

$$\varepsilon = \text{arc sin} \frac{\underline{n}_{Et}\ \underline{m}_2}{|\underline{n}_{Et}| \cdot |\underline{m}_2|} \tag{4.30}$$

Die beiden Kegelstümpfe schneiden sich nicht, wenn die Bedingung

$$\varepsilon + \delta_2 \leq 90° \tag{4.31}$$

erfüllt ist.

4.4.3 Realisierung von Algorithmen zur Durchdringungsüberprüfung

Für die Anwendung der beschriebenen Algorithmen zur Durchdringungsüberprüfung in einer Steuerung ist zu untersuchen, mit welcher Genauigkeit eine Kollisionsüberwachung durchgeführt werden kann. Wie bereits gezeigt wurde, hängt diese Genauigkeit von dem Fehler e_d, der durch die zeitdiskrete Oberwachung zustande kommt, und dem durch den Algorithmus zur Durchdringungsüberprüfung bedingten Fehler e_a ab. Für einen geringen Fehler e_d wird ein möglichst kurzes Oberwachungszeitintervall $\Delta t_ü$ gefordert. Dagegen ist jedoch bei den Näherungsverfahren zur Durchdringungsüberprüfung für einen kleinen Fehler e_a ein hoher Rechenzeitbedarf erforderlich. Um eine Aussage über die bei einer bestimmten Werkzeugmaschine erreichbare Genauigkeit zu ermöglichen, sind deshalb im folgenden noch die für die einzelnen Rechenalgorithmen erforderlichen Rechenzeiten zu bestimmen.

4.4.3.1 Untersuchung des Rechenzeitbedarfs

Zur Verminderung des bei den einzelnen Algorithmen für die Durchdringungsüberprüfung erforderlichen Rechenzeitbedarfs sollen Rechenaufgaben, die für mehrere Kollisionsfälle gleich sind, in Rechenvorläufen durchgeführt werden. Es ist dann zwischen Rechenzeiten, die je Kollisionselement und solchen, die je Kollisionspaarung einmal erforderlich sind, zu unterscheiden. Bei den Berechnungen je Kollisionselement können Daten, die unabhängig von deren Lage sind, bereits in einem einmaligen Rechenlauf beim Start der Kollisionsüberwachung ermittelt werden. Beispiele für solche Daten sind bei einem Kegelstumpf dessen halber Öffnungswinkel, trigonometrische Funktionen für diesen Winkel und der Abstand seiner Kegelspitze vom Körperbezugspunkt. Die hierfür erforderliche Rechenzeit muß bei der Festlegung des Oberwachungszeit-

intervalls nicht berücksichtigt werden. Damit kann für
die Realisierung der einzelnen Algorithmen ein Ablauf, wie
er in Bild 4.25 dargestellt ist, festgelegt werden.

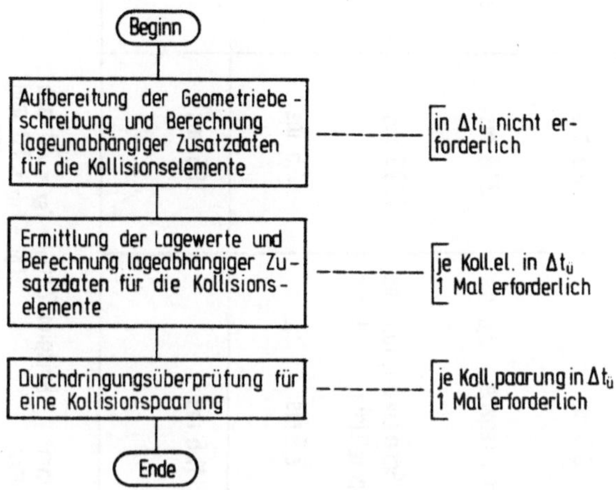

<u>Bild 4.25</u> : Ablauf für die Realisierung eines Algorithmus zur
Durchdringungsüberprüfung

Entsprechend diesem Ablauf wurden die beschriebenen Algorithmen zur Durchdringungsüberprüfung in der Programmier-
sprache Pascal für einen Mikrorechnermodul mit einem Mikroprozessor Intel 8086 und einem Arithmetikprozessor Intel 8087
entwickelt. Als Datenformat wurde die Gleitkommadarstellung
gewählt. Die gemessenen Zeiten sind in Tabelle 4.2 aufgeführt.
Sie beziehen sich jeweils auf den Ablauf des Algorithmus im
ungünstigsten Fall.

Die für die Beispiele ermittelten Rechenzeiten zeigen, daß bei
einer direkten Anwendung der beschriebenen Algorithmen für eine
TAB-Werkzeugmaschine schon bei relativ wenigen zu überwachenden
Kollisionsfällen ein langes Überwachungszeitintervall erforder-

Körperpaar	Algorithmus für Durchdringungs-untersuchung	ermittelte Rechenzeiten			
		für Berechn. lage-abhängiger Daten (Zeit je Körper)	für Durchdringungsüberprüfung		
			allgemein	Beispiel 1	Beispiel 2
orth. Hq / orth. Hq	Untersuchung der Abstände der Körperbezugspunkte	1,8 ms	0,5 ms	0,5 ms	0,5 ms
	Schnittebenen-untersuchung	2,8 ms	je Schnittebene : 2,8 ms	37,8 ms	399,6 ms
Kegelst. / Kegelst.	Oberflächen-untersuchung	3,3 ms	für 4 Schn.ebnen : 10,0 ms je Mantellinie : 3,6 ms	259,2 ms	96,4 ms
	Trennebenen-untersuchung	2,5 ms	2,5 ms	2,5 ms	2,5 ms
Zylinder / Zylinder	Oberflächen-untersuchung (exaktes Verf.)	3,1 ms	11,6 ms	11,6 ms	11,6 ms

für Körperpaar Kegelst./Kegelst.

Beispiel 1 : $r_{G1} = r_{G2} = 200\ mm$
$r_{D1} = r_{D2} = 100\ mm$
$h_1 = h_2 = 173\ mm$

Beispiel 2 : $r_{G1} = r_{G2} = 20\ mm$
$r_{D1} = r_{D2} = 10\ mm$
$h_1 = h_2 = 866\ mm$

Tabelle 4.2 : Gemessene Rechenzeiten für Durchdringungsüberprüfungen

lich ist. Im nächsten Abschnitt sollen deshalb zusätzlich zur Durchführung von Rechenvorläufen weitere Maßnahmen zur Reduzierung des Rechenaufwands für die Durchdringungsüberprüfung untersucht werden.

4.4.3.2 Maßnahmen zur Reduzierung des Rechenaufwands

a) Zweistufige Durchdringungsüberprüfung

Bei den hier zu realisierenden Kollisionsüberwachungsfunktionen werden die Kollisionselemente mittels geometrischer Grundkörper beschrieben. Dadurch wird eine relativ hohe Genauigkeit erreicht. Diese Beschreibungsform bringt aber nur für nahe beieinander liegende Kollisionselemente bessere Ergebnisse als eine Beschreibung mittels orthogonaler Hüllquader. Für weit auseinander liegende Kollisionselemente kann mit beiden Beschreibungsformen Nichtdurchdringung erkannt werden. Um hierbei die bei orthogonalen Hüllquadern einfacheren Rechenalgorithmen nutzen zu können, soll zweistufig auf Durchdringungen überprüft werden.

Aus den Abmessungen und der Lage der geometrischen Grundkörper werden hierfür einhüllende orthogonale Hüllquader mit dem gleichen Ort bestimmt (Bild 4.26). Für den in Abschnitt 4.4.2 betrachteten Kegelstumpf Ks_2 berechnen sich die Abmessungen der orthogonalen Hüllquader nach folgenden Gleichungen:

$$l_{H2} = 2 \max \{r_{G2}, r_{D2}\} \tag{4.32 a}$$

$$b_{H2} = 2 \max \{r_{G2}, r_{D2}\} \cos\alpha + h_2 \sin\alpha \tag{4.32 b}$$

$$h_{H2} = 2 \max \{r_{G2}, r_{D2}\} \sin\alpha + h_2 \cos\alpha \tag{4.32 c}$$

Nachdem die Abmessungen und die Lage der orthogonalen Hüllquader bekannt sind, kann mit den in Abschnitt 4.4.1 angegebenen Beziehungen ermittelt werden, ob zwei Kollisionsele-

mente nahe beieinander liegen. Durchdringen sich die orthogonalen Hüllquader nicht, dann ist sichergestellt, daß sich
auch die geometrischen Grundkörper und damit die Kollisions-

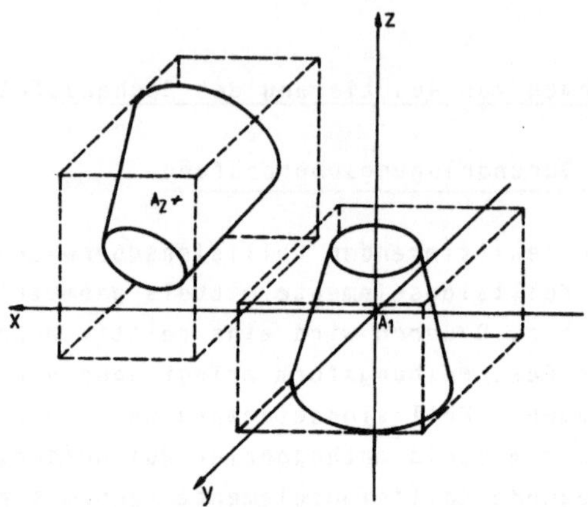

Bild 4.26 :   Einhüllende orthogonale Hüllquader für
geometrische Grundkörper

elemente nicht durchdringen. Wird bei dieser Vorgehensweise
jedoch eine Durchdringung erkannt, so ist eine genauere Überprüfung, ausgehend von den Abmessungen der geometrischen
Grundkörper, durchzuführen.

Bei dieser Vorgehensweise müssen in einem Überwachungszeitintervall nur für wenige Kollisionsfälle die geometrischen
Grundkörper auf Durchdringungen überprüft werden. Damit wird
die für die Durchdringungsüberprüfung erforderliche Rechenzeit
wesentlich verringert.

b)   **Anwendung möglichst einfacher Algorithmen**

Bei einer Untersuchung der geometrischen Grundkörper einer
TAB-Werkzeugmaschine hinsichtlich der Anordnung und den

Bewegungsmöglichkeiten ist sehr oft festzustellen, daß für
einzelne Kollisionsfälle vereinfachte, auf sie zugeschnittene
Algorithmen zur Durchdringungsüberprüfung bereitgestellt werden können, ohne daß eine größere Ungenauigkeit hingenommen
werden muß. Durch folgende Vereinfachungen kann dabei
eine Verminderung des Rechenaufwands erreicht werden:

- Ein Kollisionselement ist bei einem bestimmten Kollisions-
  fall nur als orthogonaler Hüllquader zu betrachten. Ein
  Beispiel hierfür zeigt Bild 4.27 a). Für die Paarung des
  Quaders Qu mit dem um die A-Achse drehbaren Zylinder Zy
  wird bei der Durchdringungsüberprüfung der geometrischen
  Grundkörper gegenüber einer Betrachtung der orthogonalen
  Hüllquader keine Verbesserung der Genauigkeit erreicht.
  In einem solchen Fall ist eine Durchdringungsüberprüfung
  auf der Stufe der orthogonalen Hüllquader ausreichend.

- Ein geometrischer Grundkörper kann bei einem bestimmten
  Kollisionsfall als unendlich langer Körper betrachtet
  werden. Bei dem in Bild 4.27 b) dargestellten Beispiel
  kann der Kegelstumpf Ks bei einer Durchdringungsüberprüfung mit einem geometrischen Grundkörper, der im dargestellten Bewegungsraum bewegt wird, als unendlich langer
  Kegel betrachtet werden. In diesem Fall müssen bei einer
  Untersuchung der Oberfläche des Kegelstumpfs auf Durchdringungen seine Grund- und Deckfläche nicht berücksichtigt werden. Dabei ist jedoch wichtig, daß für die Bestimmung des orthogonalen Hüllquaders von den tatsächli-
  chen Abmessungen des Kegelstumpfs ausgegangen werden muß.

- Bei manchen Kollisionspaarungen kann davon ausgegangen
  werden, daß bei einer Durchdringung immer bestimmte Kanten
  oder Punkte eines Körpers beteiligt sind. In solchen Fällen reicht es aus, diese Kanten oder Punkte auf Durchdringungen zu überprüfen. Bei der in Bild 4.27 a) dargestellten Kollisionspaarung zwischen dem Zylinder Zy und

dem Quader Qu ist z.B. durch die Untersuchung, ob die
Deckfläche des Zylinders den Quader durchdringt, eine
exakte Überprüfung möglich.

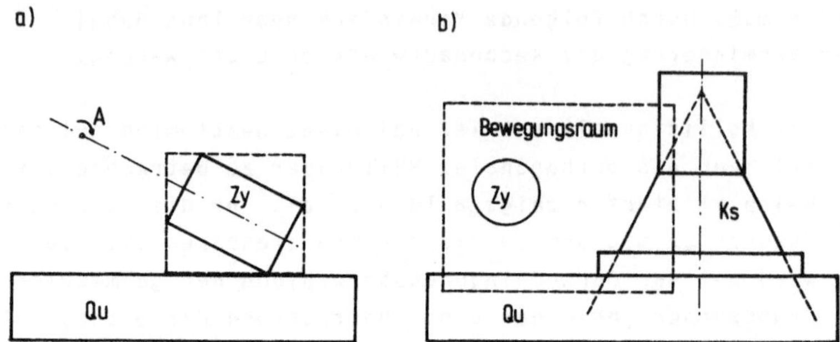

Bild 4.27 : Vereinfachung geometrischer Grundkörper

Die bei den einzelnen Kollisionsfällen für die Durchdringungsüberprüfung zulässigen Vereinfachungen werden in der Kollisionsmatrix in codierter Form angegeben. Für jeden Code ist
ein spezieller Algorithmus zur Durchdringungsüberprüfung
bereitzustellen.

4.5 Integration eines Kollisionsüberwachungsmoduls in eine Steuerung

Für die Integration eines Kollisionsüberwachungsmoduls in die
NC einer TAB-Werkzeugmaschine wird vorausgesetzt, daß die
Steuerung um einen zusätzlichen Mikrorechnermodul erweitert
werden kann. Ferner muß von diesem Mikrorechnermodul ein
Zugriff auf Daten anderer Funktionsmodule der Steuerung möglich sein. Auf Grund der in den vorhergehenden Abschnitten
durchgeführten Untersuchungen kann die Struktur und die Einbindung des Kollisionsüberwachungsmoduls in die NC, wie in
Bild 4.28 gezeigt, festgelegt werden.

Von der NC-Datenverwaltung und -aufbereitung (NCVA) werden die
aktuellen Bezeichner für das zu fertigende Werkstück, die verwendete Aufspannvorrichtung und das eingesetzte Werkzeug

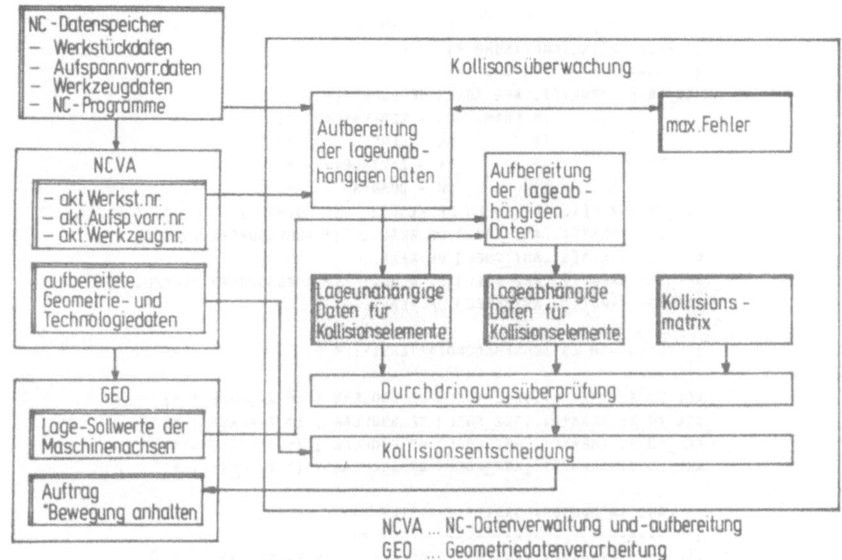

Bild 4.28 : Struktur eines Kollisionsüberwachungsmoduls

bereitgestellt. Auf Grund dieser Bezeichner holt sich der
Kollisionsüberwachungsmodul die in den entsprechenden Parameterlisten für die Beschreibung der Kollisionselemente enthal-
tenen Daten (siehe Abschnitt 4.3.4.1) ab und berechnet lageunabhängige Zusatzdaten. Bei der Bereitstellung der Abmessungen
für die geometrischen Grundkörper sind diese entsprechend dem
bei der Durchdringungsüberprüfung maximal möglichen Fehler
zu vergrößern. Die lageunabhängigen Daten der Kollisionselemente werden in Feldern, wie sie im Bild 4.29 beschrieben
sind, abgelegt. Sie sind jeweils zu aktualisieren, wenn bei
einem Werkstück-, Aufspannvorrichtungs- oder Werkzeugwechsel
durch die NCVA ein neuer Bezeichner bereitgestellt wird.

Aus der sich nicht ändernden Lage eines Kollisionselements in
einem Achsenkoordinatensystem und den von der Geometriedatenverarbeitung im voraus berechneten Lage-Sollwerten der Maschi-

```
(* GEOMETRIEBESCHREIBUNG *)
(* --------------------- *)
KEL_FORM: ARRAY[1..ANZ_KOEL] OF FORM_TYP ;
                (* FORM:  KS - KEGELSTUMPF *)
                (*        KE - KEGEL       *)
                (*        ZY - ZYLINDER    *)
                (*        QU - QUADER      *)
KEL_H: ARRAY[1..ANZ_KOEL] OF REAL ;    (* HOEHE *)
KEL_LG: ARRAY[1..ANZ_KOEL] OF REAL ;  (* ABMESSUNGEN GRUNDFL. *)
KEL_BG: ARRAY[1..ANZ_KOEL] OF REAL ;
KEL_LD: ARRAY[1..ANZ_KOEL] OF REAL ;  (* ABMESSUNGEN DECKFL. *)
KEL_BD: ARRAY[1..ANZ_KOEL] OF REAL ;

(* ZUORDNUNG ZU ACHSENKOORDINATENSSYTEM *)
(* ------------------------------------ *)
KEL_ZU_X: ARRAY[1..ANZ_KOEL] OF BOOLEAN ; (* X-ACHSE ? *)
KEL_ZU_Z: ARRAY[1..ANZ_KOEL] OF BOOLEAN ; (* Z-ACHSE ? *)
KEL_ZU_A: ARRAY[1..ANZ_KOEL] OF BOOLEAN ; (* A-ACHSE ? *)
KEL_ZU_V: ARRAY[1..ANZ_KOEL] OF BOOLEAN ; (* V-ACHSE ? *)

(* LAGE IM ACHSENKOORDINATENSYSTEM *)
(* ------------------------------- *)
KEL_AK_X: ARRAY[1..ANZ_KOEL] OF REAL ; (* X-WERT *)
KEL_AK_Y: ARRAY[1..ANZ_KOEL] OF REAL ; (* Y-WERT *)
KEL_AK_Z: ARRAY[1..ANZ_KOEL] OF REAL ; (* Z-WERT *)

(* LAGEUNABHAENGIGE ZUSATZDATEN *)
(* ---------------------------- *)
KEL_LUZU_1: ARRAY[1..ANZ_KOEL] OF REAL ;
KEL_LUZU_2: ARRAY[1..ANZ_KOEL] OF REAL ;
KEL_LUZU_3: ARRAY[1..ANZ_KOEL] OF REAL ;
KEL_LUZU_4: ARRAY[1..ANZ_KOEL] OF REAL ;
KEL_LUZU_5: ARRAY[1..ANZ_KOEL] OF REAL ;
KEL_LUZU_6: ARRAY[1..ANZ_KOEL] OF REAL ;
```

__Bild 4.29__ : Lageunabhängige Daten für Kollisionselemente

nenachsen (siehe Abschnitt 4.3.4.3) sind am Anfang eines
jeden Überwachungszeitintervalls die Lagewerte der Kollisionselemente, die Abmessungen der orthogonalen Hüllquader und die
lageabhängigen Zusatzdaten zu bestimmen. Die Felder für die

interne Bereitstellung der lageabhängigen Daten sind in Bild
4.30 beschrieben.

```
        (* ORT IM RAUMFESTEN XYZ-KOORDINATENSYSTEM *)
        (* -------------------------------------- *)
        KEL_ORT_X: ARRAY[1..ANZ_KOEL] OF REAL ;
        KEL_ORT_Y: ARRAY[1..ANZ_KOEL] OF REAL ;
        KEL_ORT_Z: ARRAY[1..ANZ_KOEL] OF REAL ;

        (* ORIENTIERUNG IM RAUMFESTEN XYZ-KOORDINATENSYSTEM *)
        (* ------------------------------------------------ *)
        KEL_A11: ARRAY[1..ANZ_KOEL] OF REAL ;
        KEL_A12: ARRAY[1..ANZ_KOEL] OF REAL ;
        KEL_A13: ARRAY[1..ANZ_KOEL] OF REAL ;
        KEL_A21: ARRAY[1..ANZ_KOEL] OF REAL ;
        KEL_A22: ARRAY[1..ANZ_KOEL] OF REAL ;
        KEL_A23: ARRAY[1..ANZ_KOEL] OF REAL ;
        KEL_A31: ARRAY[1..ANZ_KOEL] OF REAL ;
        KEL_A32: ARRAY[1..ANZ_KOEL] OF REAL ;
        KEL_A33: ARRAY[1..ANZ_KOEL] OF REAL ;

        (* LAGEABHAENGIE ZUSATZDATEN *)
        (* ------------------------- *)
        KEL_LAZU1: ARRAY[1..ANZ_KOEL] OF REAL ;
        KEL_LAZU2: ARRAY[1..ANZ_KOEL] OF REAL ;
        KEL_LAZU3: ARRAY[1..ANZ_KOEL] OF REAL ;
        KEL_LAZU4: ARRAY[1..ANZ_KOEL] OF REAL ;
        KEL_LAZU5: ARRAY[1..ANZ_KOEL] OF REAL ;

        (* ABMESSUNGEN DER ORTHOGONALEN HUELLQUADER *)
        (* ---------------------------------------- *)
        KEL_LH: ARRAY[1..ANZ_KOEL] OF REAL ;
        KEL_BH: ARRAY[1..ANZ_KOEL] OF REAL ;
        KEL_HH: ARRAY[1..ANZ_KOEL] OF REAL ;
```

<u>Bild 4.30</u> : Lageabhängige Daten für Kollisionselemente

Mit den Daten aus den in Bild 4.29 und Bild 4.30 beschriebenen
Feldern werden die in der Kollisionsmatrix angegebenen Kolli-
sionspaarungen entsprechend den in Abschnitt 4.4 beschriebenen
Vorgehensweisen auf Durchdringungen überprüft. Bei Erkennen
einer Durchdringung wird eine Meldung an ein Programm zur
Kollisionsentscheidung übergeben.

Als gewünschte Durchdringungen werden hier nur die für die Zerspanung erforderlichen Durchdringungen des Werkzeugs mit dem Werkstück zugelassen. Hierfür wird bei der Kollisionsentscheidung überprüft, ob es sich bei den durchdringenden Kollisionselementen jeweils um ein Werkzeug- und ein Werkstückelement handelt. Ist dies der Fall und weisen ferner die von der NCVA bereitgestellten Technologiedaten auf eine Zerspanung hin, d.h. es liegt keine Eilgangbewegung vor und Spindel sowie Kühlmittel sind eingeschaltet, dann wird die Durchdringung zugelassen. Im anderen Fall wird an die Geometriedatenverarbeitung (GEO) eine Kollision gemeldet. Hierauf sind von der GEO die Bewegungen der Maschinenachsen anzuhalten.

Neben den bei NCs üblichen Anzeigedaten, wie z.B. aktueller NC-Satz, Lage-Istwerte der Maschinenachsen und wirksame Schaltfunktionen, werden vom Kollisionsüberwachungsmodul zusätzliche Informationen bereitgestellt:
- die Nummern der Kollisionselemente bei einer erkannten Kollision,
- die lageunabhängigen Daten aller Kollisionselemente,
- die lageabhängigen Daten aller Kollisionselemente zum Zeitpunkt einer Kollision und
- die Kollisionsmatrix.

Ausgehend von diesen Daten sind vom Programmierer im Kollisionsfall die Fehlerursachen zu bestimmen und in den NC-Steuerdaten zu korrigieren.

5 Anwendung der Ergebnisse in einer numerischen Steuerung für eine Wälzfräsmaschine

5.1 Die Wälzfräsmaschine

Die wesentlichste Anforderung an eine Werkzeugmaschine für das Fertigen von Zahnrädern ist das Herstellen genauer Teilungen. Früher wurden hierfür die Hobelmaschine und die Universalfräsmaschine eingesetzt. Erst im Laufe der Zeit wurden ausgehend von diesen Maschinen geeignete TAB-Werkzeugmaschinen, wie z.B. Wälzstoß- und Wälzfräsmaschinen, entwickelt /62/. Zahnradwälzfräsmaschinen sind dadurch gekennzeichnet, daß die Zahnräder durch ein kontinuierliches Wälzverfahren mit einem Wälzfräser als Zerspanwerkzeug gefertigt werden.

Der kinematische Aufbau einer Wälzfräsmaschine ist in Bild 5.1 dargestellt. Entsprechend dem Schrägungswinkel der zu ferti-

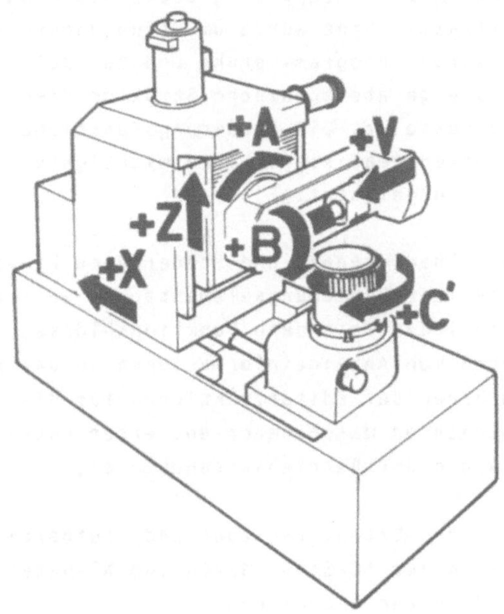

Bild 5.1 : Kinematischer Aufbau einer Wälzfräsmaschine

genden Verzahnung β_2 und dem Fräsersteigungswinkel γ_0 muß der
Wälzfräser in der A-Achse um den Winkel

$$A_{soll} = \beta_2 - \gamma_0 \tag{5.1}$$

gegenüber der Senkrechten zur Werkstückachse geschwenkt werden.
Das Fräsen der Zahnlücken in ein zylinderförmiges Rohteil
geschieht dann durch Verschieben des Wälzfräsers in radialer
(X-Achse) und axialer Richtung (Z-Achse) zum Werkstück. Dabei
müssen dem Werkzeug und dem Werkstück durch die B- bzw.
C$^-$-Achse Drehbewegungen zugeleitet werden, die den Bewegungen
eines Getriebes, bestehend aus Schnecke und Schneckenrad, entsprechen. Um eine gleichmäßige Abnutzung des Fräsers zu erhal-
ten, wird er während der Bearbeitung entweder kontinuierlich
oder schrittweise in tangentialer Richtung zum Werkstück
(V-Achse) verschoben.

Eine nach dem MPST-Konzept aufgebaute Steuerung für eine
solche Wälzfräsmaschine wurde um Steuerungsfunktionen zur
teileorientierten Programmierung und zur Kollisionsüberwachung
erweitert. Die gerätetechnische Struktur dieser NC ist in
Bild 5.2 dargestellt. Die Steuerungsfunktionen sind in sechs
Funktionsblöcken realisiert. Ihre wichtigsten Aufgaben sind
im folgenden aufgelistet:

Aufgaben der "Bedienungs- und Steuerdaten Ein-/Ausgabe":
- Abfragen der Bedienungselemente und Weitergeben der
  Informationen an andere Funktionsblöcke,
- Ausgeben von Anzeigeinformationen an das Bedienungsfeld,
- Durchführen der Editorfunktionen für die NC-Dateneingabe
  mit Berechnen maschinenorientierter Daten,
- Überwachen der Betriebsartenwechsel;

Aufgaben der "NC-Datenverwaltung und -aufbereitung":
- Nachladen der NC-Steuerdaten vom NC-Datenspeicher,
- NC-Steuerdaten decodieren,

- NC-Steuerdaten aufbereiten (Parameterrechnungen, umrech-
  nen Absolut- in Kettenmaß, Werkzeugradiuskorrektur usw.),
- synchronisiertes Weitergeben der aufbereiteten NC-Steuerdaten;

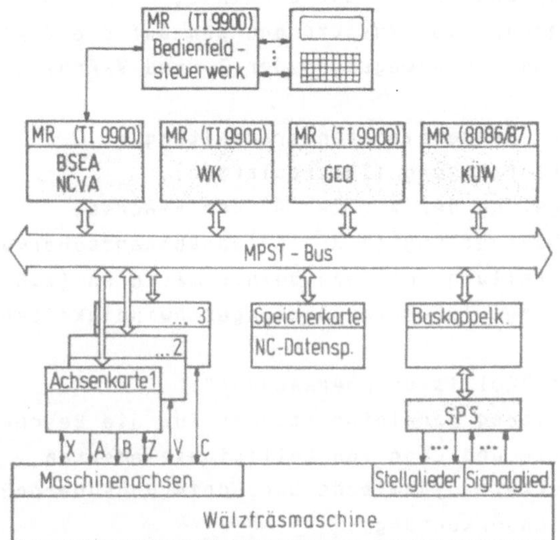

MR   ... Mikrorechnermodul
TI 9900... Mikroprozessor der Fa. Texas Instruments
8086/87... Mikroprozessoren der Fa. Intel

Funktionsblöcke:

    BSEA ... Bedienungs- und Steuerdaten Ein-/Ausgabe
    NCVA ... NC-Datenvenverwaltung und - aufbereitung
    WK ... Wälzkopplung
    GEO ... Geometriedatenverarbeitung
    KÜW ... Kollisionsüberwachung
    SPS ... Speicherprogrammierbare Steuerung

Bild 5.2 : Gerätetechnische Struktur einer NC für eine Wälzfräsmaschine

Aufgaben der "Wälzkopplung":
- Sollwerterzeugung und Lageregelung bei getrennter Beauftragung der B- und C˝-Achse (z.B. in Betriebsart Einrichten),
- Wälzkopplung der B- und C˝-Achse,
- Überlagerung von Zusatzdrehungen auf die C˝-Achse entsprechend den Bewegungen der Z- und V-Achse;

Aufgaben der "Geometriedatenverarbeitung":
- Sollwerterzeugung (Interpolation),
- Lageregelung der X-, Z-, A- und V-Achse,
- Achsenüberwachung (z.B. Schleppabstandsüberwachung),
- Bereitstellung von Anzeigeinformationen (z.B. Lage-Sollwerte, Lage-Istwerte, Achsengeschwindigkeiten usw.);

Aufgaben der "Kollisionsüberwachung":
- Aufbereitung der Informationen für die Beschreibung der Geometrie und Lage von Kollisionselementen,
- zeitdiskrete dynamische Durchdringungsüberprüfung,
- Kollisionserkennung;

Aufgaben der "Speicherprogrammierbaren Steuerung":
- Ausführung von programmierten Schaltfunktionen,
- Steuerung von Maschinenfunktionen.

Die Ansteuerung der Maschinenachsen geschieht über Achsenkarten. Ein Digital-/Analogwandelbaustein ermöglicht die Ausgabe von Spannungen an die Antriebe und ein Zählerbaustein dient zum Erfassen der Signale von inkrementellen Wegmeßsystemen.

Die Programmierung der Steuerung erfolgt über das Bedienungsfeld. Es stellt für den Programmierer die Schnittstelle zur Steuerung und zur Maschine sowohl beim Erstellen der NC-Steuerdaten als auch beim Testen und Korrigieren dar.

5.2 Erstellen von NC-Steuerdaten für Standardverzahnungsaufgaben

Der größte Teil der auf Wälzfräsmaschinen zu fertigenden Verzahnungen kann durch eine begrenzte Anzahl unterschiedlicher Standardarbeitskreisläufe hergestellt werden. Wie in Bild 5.3 verdeutlicht wird, unterscheiden sich diese Arbeitskreisläufe durch die Art der zu fertigenden Verzahnung und in der

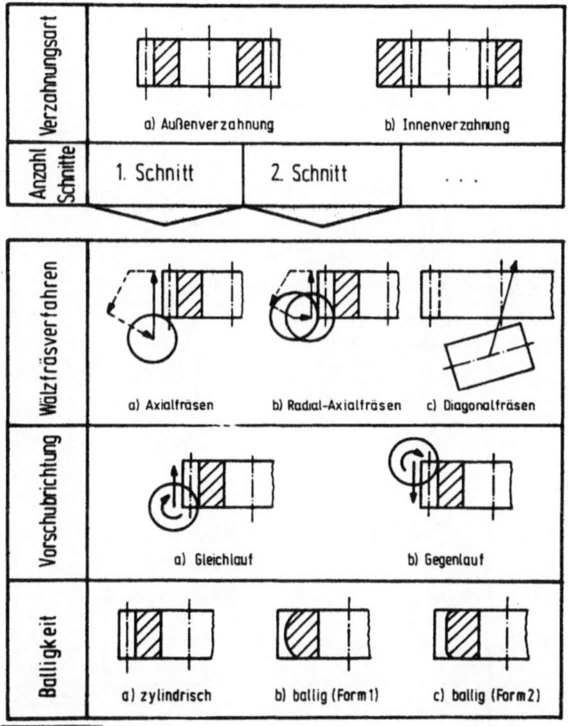

Bild 5.3 : Unterscheidungsmerkmale von Standardarbeitskreisläufen

Schnittaufteilung bei der Zerspanung. Die einzelnen Schnitte können durch Axial-, Radial-/Axial- oder Diagonalfräsen er-

zeugt werden, wobei jeweils noch zwischen Gleich- und Gegenlauf sowie zylindrisch und ballig zu unterscheiden ist.

Im folgenden soll beispielhaft die Erstellung von NC-Steuerdaten für die Fertigung des in Bild 5.4 dargestellten Ritzels
betrachtet werden. Die Erstellung der NC-Steuerdaten beginnt
mit der Eingabe einer Werkstücknummer (z.B. W123). Anschlies-

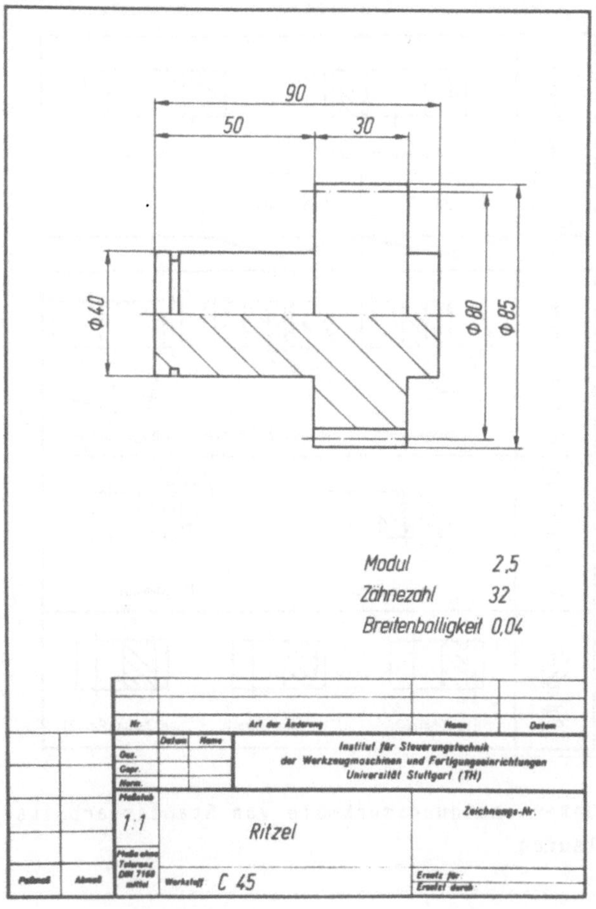

Bild 5.4 : Werkstückzeichnung eines Ritzels

send werden die für die Fertigung erforderlichen Parameterwerte, wie in Bild 5.5 oben dargestellt, erfragt. Hierbei ist
vom Programmierer entsprechend dem gewünschten Fertigungsab-

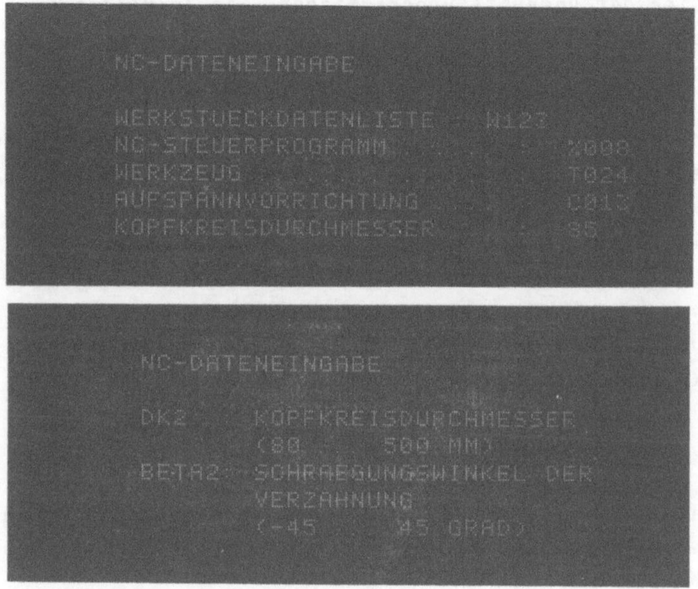

__Bild 5.5__ :   Beispiel für die Eingabe von teileorientierten
              Daten

lauf ein in der Steuerung vorgesehenes Standard-NC-Programm
auszuwählen. Mit der Nummer %008 wird in dem hier betrachteten
Fall ein Arbeitskreislauf für die Fertigung einer Außenver-
zahnung in zwei Schnitten ausgewählt, wobei beim ersten
Schnitt im Gleichlauf zylindrisch geschruppt und beim zweiten
Schnitt im Gegenlauf mit einer Balligkeit der Form 1 nach
Bild 5.4 geschlichtet wird. Als nächstes sind die Bezeichner
für das verwendete Werkzeug (T024) und die Aufspannvorrichtung
(C013) einzugeben. In Abhängigkeit von dem ausgewählten
Standardarbeitskreislauf werden dann die für die Steuerung

erforderlichen teileorientierten Werkstückdaten wie der
Kopfkreisdurchmesser (DK2), die Zähnezahl (Z2), der Modul (MN)
usw. abgefragt. Mit diesen Daten ist die Fertigungsaufgabe
vollständig beschrieben. Bei Eingabe dieser Parameterwerte
kann sich der ungeübte Programmierer, wie in Bild 5.5 unten
dargestellt, ihre Bedeutung mit der Help-Funktion erläutern
lassen.

Im nächsten Schritt sind die vom Programmierer eingegebenen
NC-Steuerdaten zu testen. Auf die hierbei von den entwickelten
Kollisionsüberwachungsfunktionen gegebenen Unterstützungen
wird im folgenden eingegangen.

5.3 Unterstützung beim Testen von NC-Steuerdaten durch Kollisionsüberwachung

5.3.1 Festlegung der Kollisionselemente

Die Untersuchung einer Wälzfräsmaschine ergab, daß folgende
Kollisionseinheiten bei Kollisionen beteiligt sein können:
- Maschinenbett,
- Axialschlitten,
- Fräskopf,
- Werkstücktisch,
- Aufspannvorrichtung,
- Werkzeug und
- Werkstück.

Wie in Bild 4.15 bereits prinzipiell gezeigt, werden diese
Kollisionseinheiten durch einhüllende geometrische Grundkörper
beschrieben. Dabei sind von der Kollisionseinheit wiederum nur
die kollisionsgefährdeten Körper zu überwachen. Eine vollständige Auflistung der Kollisionselemente enthält Tabelle
5.1. Danach können die Kollisionselemente eingeteilt werden
in solche mit unveränderlicher Geometrie (Maschinenelemente)
und andere mit veränderlicher Geometrie (Werkstück-, Aufspann-

Kollisionseinheit	Kolli-sions-elemente	geom. Grundk.	Geometrie-beschr. in	Zuordnung zu Masch.-achse
Eh 1 (Maschinenbett)	El 1.1	Quader	Festwertsp.	-
Eh 2 (Axialschlitten)	El 2.1	Quader	Festwertsp.	Z-Achse
	El 2.2	Zylinder	Festwertsp.	Z-Achse
Eh 3 (Fräskopf)	El 3.1	Quader	Festwertsp.	V-Achse
	El 3.2	Zylinder	Festwertsp.	V-Achse
	El 3.3	Kegelst.	Festwertsp.	V-Achse
	El 3.4	Zylinder	Festwertsp.	V-Achse
	El 3.5	Zylinder	Festwertsp.	V-Achse
	El 3.6	Zylinder	Festwertsp.	V-Achse
Eh 4 (Werkstücktisch)	El 4.1	Quader	Festwertsp.	-
	El 4.2	Zylinder	Festwertsp.	-
Eh 5 (Aufspannvorr.)	El 5.1	Kegelst.	Cxxx	-
	El 5.2	Zylinder	Cxxx	-
	El 5.3	Kegelst.	Cxxx	-
	El 5.4	Zylinder	Cxxx	-
Eh 6 (Werkzeug)	El 6.1	Zylinder	Txxx	V-Achse
	El 6.2	Zylinder	Txxx	V-Achse
Eh 7 (Werkstück)	El 7.1	Zylinder	Wxxx	-
	El 7.2	Zylinder	Wxxx	-
	El 7.3	Zylinder	Wxxx	-

Wxxx - Werkstückdatenliste
Cxxx - Aufspannvorrichtungsdatenliste
Txxx - Werkzeugdatenliste

<u>Tabelle 5.1</u> : Zusammenstellung der Kollisionselemente einer Wälzfräsmaschine

vorrichtungs- und Werkzeugelemente). Die Daten für die Kollisionselemente mit unveränderlicher Geometrie werden in der Steuerung fest abgelegt. Für die anderen Kollisionselemente sind sie, wie in Abschnitt 4.3.4.1 beschrieben, vom Progammierer in den entsprechenden Parameterlisten bereitzustellen.

5.3.2 Festlegung des Überwachungszeitintervalls

Für die in Tabelle 5.1 aufgelisteten Kollisionselemente sind die in Bild 5.6 dargestellten 62 Kollisionsfälle auf Durchdringungen zu überprüfen.

	El 1.1	El 2.1	El 2.2	El 3.1	El 3.2	El 3.3	El 3.4	El 3.5	El 3.6	El 4.1	El 4.2	El 5.1	El 5.2	El 5.3	El 5.4	El 6.1	El 6.2	El 7.1	El 7.2	El 7.3
El 1.1	0	0	0	10	10	10	0	0	0	0	0	0	0	0	0	0	0	0	0	0
El 2.1		0	0	0	0	0	0	0	0	10	10	0	0	0	0	0	0	0	0	0
El 2.2			0	0	0	0	0	0	0	10	10	0	0	0	0	0	0	0	0	0
El 3.1				0	0	0	0	0	0	26	36	0	0	0	0	0	0	0	0	0
El 3.2					0	0	0	0	0	33	56	64	52	60	52	0	0	50	50	50
El 3.3						0	0	0	0	43	66	72	62	71	62	0	0	60	60	60
El 3.4							0	0	0	0	0	64	52	60	52	0	0	50	50	50
El 3.5								0	0	0	0	64	52	60	52	0	0	50	50	50
El 3.6									0	0	0	64	52	60	52	0	0	50	50	50
El 4.1										0	0	0	0	0	0	0	0	0	0	0
El 4.2											0	0	0	0	0	0	0	0	0	0
El 5.1												0	0	0	0	63	63	0	0	0
El 5.2													0	0	0	51	51	0	0	0
El 5.3														0	0	60	60	0	0	0
El 5.4															0	51	51	0	0	0
El 6.1																0	0	50	50	50
El 6.2																	0	50	50	50
El 7.1																		0	0	0
El 7.2																			0	0
El 7.3																				0

Bild 5.6 : Kollisionsfälle einer Wälzfrasmaschine

Zur Ermittlung der Lagewerte und der Abmessungen der orthogonalen Hüllquader für die zehn beweglichen Kollisionselemente sowie für die Überprüfung der orthogonalen Hüllquader für die

genannten Kollisionsfälle auf Durchdringungen wurde eine
Rechenzeit von 49.8 ms gemessen.
Wird bei orthogonalen Hüllquadern eine Durchdringung festge-
stellt, dann sind zusätzlich die geometrischen Grundkörper
dieser Kollisionspaarung auf Durchdringungen zu untersuchen.
Um den hierfür erforderlichen Rechenaufwand möglichst gering
zu halten, wurden, wie die Zahlencodes in Bild 5.6 verdeutli-
chen, zahlreiche Spezialalgorithmen vorgesehen. Sie wurden so
ausgelegt, daß bei der Durchdringungsüberprüfung ein maximaler
Fehler e_a = 0,5 mm auftreten kann. Damit wurde in ungünstigen
Fällen für die Überprüfung der geometrischen Grundkörper auf
Durchdringungen eine Rechenzeit von weniger als 300 ms benö-
tigt. Innerhalb eines Überwachungszeitintervalls war somit
eine maximale Rechenzeit von ca. 350 ms erforderlich. Entsprechend dieser Zeitanforderung wurde das Überwachungszeitintervall auf $\Delta t_{\ddot{u}}$ = 350 ms festgelegt.

5.3.3 Bewertung der Kollisionsüberwachungseinrichtung

Nachdem die zu überwachenden Kollisionsfälle festgelegt und
die für ihre Überwachung erforderlichen Rechenzeiten ermittelt
wurden, kann die realisierte Kollisionsüberwachungseinrichtung
hinsichtlich der in Abschnitt 4.1 beschriebenen Anforderungen
bewertet werden:

a) Es sind möglichst alle Kollisionsfälle zu überwachen.

Da sich die einzelnen Kollisionseinheiten durch eine begrenzte
Anzahl von geometrischen Grundkörpern (überwiegend Zylinder)
beschreiben lassen, ist eine Überwachung aller Kollisionsfälle
möglich.

b) Die Kollisionsfälle sind mit möglichst hoher Genauigkeit
    zu überwachen.

Bei der Ermittlung der Bahnstützpunkte für die Kollisionsüberwachung werden Abstände gefordert, die bei der zeitdiskreten

Betrachtung einen Fehler e_d kleiner als 0,5 mm bedingen. Mit
einem zusätzlichen maximalen Fehler bei der Durchdringungsüberprüfung von e_a = 0,5 mm sind die einhüllenden geometrischen Grundkörper so zu dimensionieren, daß ihre Oberflächen
überall einen Mindestabstand von 0,5 mm zum Kollisionselement
aufweisen. Damit wird sichergestellt, daß Durchdringungen der
realen Kollisionselemente sicher erkannt werden. Andererseits
besteht jedoch beim Erkennen einer Kollision immer noch die
Möglichkeit, daß sich die beiden Kollisionselemente zwar sehr
nahe sind, sich aber noch nicht durchdringen.

c) Kollisionen sollen möglichst frühzeitig erkannt werden.

Die beschriebene Realisierung der Kollisionsüberwachungseinrichtung in der NC ermöglicht eine Kollisionsüberwachung
bereits im Probelauf.

d) Es sollen möglichst alle Kollisionsursachen erfaßt werden.

Als Voraussetzung für die Durchführung einer Kollisionsüberwachung ist zunächst zu fordern, daß die Beschreibung der Kollisionselemente in den Parameterlisten mit dem auf der Maschine
vorhandenen Werkstück, Werkzeug und der Aufspannvorrichtung
übereinstimmt. Dann können Kollisionen, die durch fehlerhafte
NC-Steuerdaten bedingt sind, wie bereits beschrieben, sicher
erkannt werden.
Bei einer On-line-Kollisionsüberwachung zur Erkennung von
fehlerhaft eingegebenen Verfahranweisungen sind Einschränkungen hinzunehmen. Um bei der zeitdiskreten Oberwachung einen
maximalen Fehler von e_d = 0,5 mm zu bekommen, ist für die
überwiegend rotationssymmetrischen geometrischen Grundkörper
der Wälzfräsmaschine nach Bild 4.6 bei einem $\Delta t_{\ddot{u}}$ = 350 ms und
einem minimalen Radius r_{Zy} = 10 mm eine maximale Bahngeschwindigkeit von 1 m/min zu fordern. Bei Verkürzung des Oberwa-
chungszeitintervalls können auch größere Geschwindigkeiten zugelassen werden. In Fällen, bei denen die zu überwachenden
Kollisionselemente sehr weit auseinanderliegen und damit durch

die Überprüfung der orthogonalen Hüllquader bei den meisten
Kollisionsfällen bereits in der ersten Stufe Nichtdurchdringung festgestellt werden kann, lassen sich diese Rechenzeitanforderungen erfüllen. Nähern sich die Kollisionselemente
jedoch soweit an, daß in einem Überwachungszeitintervall nicht
mehr alle Kollisionsfälle überprüft werden können, dann wird
dies bei der Kollisionsüberwachung wie eine erkannte Kollision
bewertet, d.h. die Bewegungen werden durch die Steuerung angehalten. Es muß dann mit kleineren Geschwindigkeiten und den
damit zulässigen größeren Überwachungszeitintervallen weiter-
verfahren werden.

e) Für die Kollisionsüberwachung sollen möglichst wenige
    zusätzliche Daten einzugeben sein.

Die Informationen zur Beschreibung der Maschineneinheiten
werden bereits durch den Maschinenhersteller in der Steuerung
fest abgelegt. Die für die Werkzeuge und Aufspannvorrichtungen
zur Kollisionsüberwachung zusätzlich erforderlichen Daten sind
vom Maschinenbetreiber einmal einzugeben. Vom Programmierer
sind für eine neu programmierte Fertigungsaufgabe nur Daten
zur Beschreibung der Abmessungen und der Lage des Werkstücks
als Parameterwerte in die Steuerung einzugeben.

f) Der gerätetechnische Aufwand für die Realisierung der Kol-
    lisionsüberwachungseinrichtung soll gering sein.

Wie Bild 5.2 zeigt, wurde die NC für die Implementierung des
Funktionsblocks zur Kollisionsüberwachung um einen weiteren
Mikrorechnermodul erweitert.

Insgesamt kann festgestellt werden, daß durch die realisierte
Kollisionsüberwachungseinrichtung ein schnelleres Finden von
logischen Fehlern im Trockenlauf ermöglicht wird und daß die
Kollisionsgefahren beim Fertigen eines Probewerkstücks erheblich vermindert werden können.

6 Zusammenfassung

Die Entwicklung modularer NC-Bausteinsysteme ermöglicht heute einen zunehmenden Einsatz von numerischen Steuerungen an teileartbezogenen Werkzeugmaschinen. Für die Verbesserung der Werkstattprogrammierung von solchen TAB-Werkzeugmaschinen wurden im Rahmen dieser Arbeit erweiterte Steuerungsfunktionen entwickelt.

Beim Erstellen von NC-Steuerdaten für Standardfertigungsaufgaben werden durch in der Steuerung realisierte Rechenvorschriften aus teileorientierten Eingabedaten maschinenorientierte Geometrie- und Technologiedaten berechnet. Um lange Satzfolgezeiten zu vermeiden und um eine Veränderung der maschinenorientierten Daten durch den Programmierer zu ermöglichen, wurde zum einen eine Ausführung dieser Rechenvorschriften bereits bei der NC-Dateneingabe ermöglicht. Zum anderen wurde wegen des geringeren Speicherplatzbedarfs im NC-Datenspeicher und für Fälle, bei denen auf sich während der Fertigung ändernde Daten zugegriffen werden muß, auch eine Durchführung solcher Rechenaufgaben im Automatikbetrieb vorgesehen.

Für die Eingabe der teileorientierten Daten wurden die NC-Steuerdaten so strukturiert, daß die Werkstück-, Werkzeug- und Aufspannvorrichtungsdaten in voneinander unabhängige Parameterlisten eingegeben werden können. Da die Daten für die Werkzeuge und Aufspannvorrichtungen nur einmal in die Steuerung einzugeben sind, müssen bei der Programmierung einer neuen Fertigungsaufgabe nur die Parameterwerte einer Werkstückdatenliste bereitgestellt werden.

Zur Unterstützung beim Testen der NC-Steuerdaten wurden Kollisionsüberwachungsfunktionen für eine zeitdiskrete Konturüberwachung entwickelt. Dabei wurde davon ausgegangen, daß die Kollisionseinheiten einer TAB-Werkzeugmaschine durch eine begrenzte Anzahl geometrischer Grundkörper ausreichend genau beschrieben werden können. Dies ermöglicht die parametrisierte

Beschreibung der Werkstücke, Werkzeuge und Aufspannvorrichtungen in den genannten Parameterlisten. Außerdem wird die erforderliche Rechenzeit für die Überprüfung der geometrischen
Grundkörper auf Durchdringungen und damit das Überwachungszeitintervall begrenzt. Es zeigte sich, daß bei der Ausführung
der für die Durchdringungsüberprüfung entwickelten Algorithmen
bereits bei wenigen Kollisionspaarungen ein sehr hoher Rechenaufwand entstehen kann. Dieser wurde mit Hilfe der Durchführung von Rechenvorläufen, einer zweistufigen Durchdringungsüberprüfung und der Anwendung spezieller, vereinfachter Algorithmen vermindert.

Die entwickelten Kollisionsüberwachungsfunktionen ermöglichen
bereits im Probelauf eine Überprüfung der NC-Steuerdaten auf
Kollisionsursachen. Ferner werden im Einrichtebetrieb bei
fehlerhaft eingegebenen Verfahranweisungen durch eine On-line-
Überwachung, Kollisionen rechtzeitig erkannt. Dabei ist
jedoch zu beachten, daß sich bei im mathematischen Modell erkannten Kollisionen die Kollisionseinheiten der Maschine wegen
der Beschreibung durch einhüllende geometrische Grundkörper
nicht unbedingt berühren müssen. Die endgültige Entscheidung,
ob es sich in einem solchen Fall um eine Kollision handelt
oder nicht, muß deshalb dem Programmierer überlassen werden.

Die entwickelten Funktionen wurden in eine NC für eine Wälzfräsmaschine zum Herstellen von Zahnrädern integriert und
teilweise auch im industriellen Einsatz erfolgreich erprobt.

<u>Schrifttum :</u>

/ 1/ Stute, G.   Der Einfluß neuer Steuerungsent-
wicklung auf die Fertigungstechnik.
wt - Z. ind. Fertig. 70 (1980) Nr. 4,
S.261...271.

/ 2/ Weck, M.   Planung und Aufbau automatisierter fle-
xibler Produktionseinrichtungen.
Vortragssammlung produktionstechnisches
Kolloquium, PTK 83, Berlin 1983.

/ 3/ Warnecke, H.J.   Automatisierung spanender Werkzeugmaschinen.
wt - Z. ind. Fertig. 72 (1982) Nr. 5,
S. 119.

/ 4/ Tuffentsammer, K.   Gruppentechnologie unter dem Aspekt zu-
nehmender NC-Bearbeitung.
wt - Z. ind. Fertig. 73 (1983) Nr. 5,
S. 305...310.

/ 5/ Spur, G.   Optimierung des Fertigungssystems Werkzeugmaschine.
München: Hanser Verlag, 1972.

/ 6/ Mießen, W.,   Einheitliches Steuerungssystem für Ver-
     Schuon, J.   zahnmaschinen.
wt - Z. ind. Fertig. 73 (1983) Nr. 10,
S. 659...663.

/ 7/ Frank, H.,   Entwicklung einer numerischen Steuerung
     Plasch, D.   für eine Nutenschleifmaschine.
wt - Z. ind. Fertig. 71 (1981) Nr. 8,
S. 465...467.

- 109 -

/ 8/ Coenen, F.,   Numerisch gesteuertes Werkzeug-
     Möller, W.,   schleifen.
     Frielitz, R.,   ZwF 76 (1981) Nr. 8, S. 372...376.
     Schiffelmann, H.

/ 9/ Holstein, H.J.,   Einsatz von NC-Fräs- und Bohrmaschinen
     Erhart, R.   im Werkzeug- und Formenbau.
                        Werkstatt und Betrieb 116 (1983) Nr.12,
                        S. 697...700.

/10/ Berbalk, H.,   Entwicklung einer Kurbelwellen-Wirbel-
     Fechter, W.,   maschine und einer numerischen Steuerung
     Rohs, H.G.   zur flexiblen Fertigung von Kurbelwellen
                        in kleinen Losgrößen.
                        KfK-PFT 49. Karlsruhe: Kernforschungs-
                        zentrum, 1983.

/11/ Spur, G.,   Entwicklung universeller rechnerinte-
     Schiffelmann, H.   grierter numerischer Steuerungen am
                        Beispiel des Segmentnutenausschneidens.
                        ZwF 73 (1978) Nr.10, S. 525...528.

/12/ Klemm, P.   Strukturierung von flexiblen Bediensy-
                        stemen für numerische Steuerungen.
                        Berlin, Heidelberg, New York: Springer-
                        Verlag, 1984.

/13/ Stute, G.   Grundgedanken von MPST. Tagungsunter-
                        lage zur MPST-Tagung am 23.2.1978 in
                        Stuttgart. Herausgegeben vom Institut
                        für Steuerungstechnik, Stuttgart, 1978.

/14/ Storr, A.,   Stand und weiterführende Aufgaben bei
     Walker, B.,   dem modularen Mehrprozessor-Steuer-
     Frank, H.   system.
                        wt - Z. ind. Fertig. 74 (1984) Nr. 12,
                        S. 733...735.

/15/ Heilig, L.,   Entwicklung eines modularen CNC-Systems
     Müller, G.,   aus Standardbaugruppen.
     Schiffelmann, H.   ZwF 77 (1982) Nr. 1, S. 20...23.

/16/ Freek, H.M.   Modulare Mehrprozessor-Bahnsteuerung.
                        ZwF 76 (1981) Nr. 4, S. 149...152.

/17/ Stute, G.   Steuerungstechnik der Werkzeug-
                        maschinen.
                        Vorlesungsmanuskript. Stuttgart, 1980.

/18/ DIN 69651   Werkzeugmaschinen für die Metallbe-
                        arbeitung. Begriffe.
                        DIN 69651 Teil 1 (Entwurf), März 1981.

/19/ Dreher, W.   NC-gerechte Beschreibung von Werk-
                        stücken in fertigungstechnisch orien-
                        tierten Programmiersystemen.
                        Berlin, Heidelberg, New-York: Springer
                        Verlag, 1980.

/20/ Meier, H.   Werkstattprogrammierung mit CNC-Steue-
                        rungen am Beispiel der Drehbearbeitung.
                        München, Wien: Hanser Verlag, 1981.

/21/ DIN 66025   Programmaufbau für numerisch gesteuerte
                        Arbeitsmaschinen. Februar 1982.

/22/ Storr, A.   Automatisierung des betrieblichen
                        Informationsflußes I.
                        Vorlesungsmanuskript. Stuttgart, 1985.

/23/ Autorenkollektiv   Automatisierte Programmierung von NC-
                        Werkzeugmaschinen.
                        Vortrag zum 17. Aachener Werkzeugma-
                        schinenkolloquium, Aachen, 1981.

/24/ Klemer, J.A.   Anpassung der Hilfsmittel für die
                       Programmierung an die jeweiligen Anfor-
                       derungen.
                       VDI-Berichte Nr. 233, 1975.

/25/ Hemminger, U.   CNC und Handeingabe.
                       wt - Z. ind. Fertig. 69 (1979) Nr. 8,
                       S. 481...488.

/26/ N.N.   Sinumerik 3M. Programmieranleitung.
                       Siemens AG. Ausgabe 6.83.

/27/ Weck, M.   Werkzeugmaschinenkonzepte.
                       Schweizer Maschinenmarkt (1982) Nr.38,
                       S. 43...46.

/28/ Mießen, W.,   Teileorientierte Programmierung von
     Schuon, J.,   CNC-Verzahnmaschinen.
     Frank, H.,   wt - Z. ind. Fertig. 74 (1984) Nr. 12,
     Häberle, G.   S. 725...727.

/29/ Wirth, N.   Systematisches Programmieren.
                       Stuttgart: B.G. Teubner, 1975.

/30/ Backus, J.W.,   Report on the Algorithmic Language
     u.a.   ALGOL 60.
                       Num. Math. 2 (1960), S.106...137.

/31/ Frank, H.   Editorfunktionen für die NC-Datenein-
                       gabe bei numerischen Steuerungen für
                       Sondermaschinen.
                       Essen: Girardet-Verlag, HGF-Kurzbe-
                       richte (Lose-Blatt-Sammlung)
                       Blatt 83/69, 1983.

/32/ Popken, W.   Steuerung von flexiblen Fertigungszel-
                       len für die Drehbearbeitung mit dezen-
                       tralen Mehrrechnersystemen.
                       Reihe Produktionstechnik - Berlin 26.
                       München, Wien: Hanser Verlag, 1981.

/33/ Hahn, J.   Automatische Fertigungsplanung für
kurvengesteuerte Einspindel-Drehauto-
maten.
Dissertation, Technische Hochschule
Berlin, 1970.

/34/ Stöck, H.P.   Sensorloses on-line Oberwachungssystem
zur Vermeidung von Kollisionen bei
Industrierobotern.
Essen: Girardet-Verlag, HGF-Kurzbe-
richte (Lose-Blatt-Sammlung)
Blatt 83/10, 1983.

/35/ Pritschow, G.,   Erweiterung der Diagnosefunktionen in
     Frank, H.,   einer numerischen Steuerung.
     Möller, H.   wt - Z. ind. Fertig. 75 (1985) Nr. 9,
S. 583 ... 586.

/36/ N.N.   Universal- Fräs- und Bohrmaschine mit
Kollisionsschutz.
Werkstatt und Betrieb 115 (1982) Nr. 8,
S. 564.

/37/ Felten, K.   Sicherheitseinrichtungen an NC-Dreh-
maschinen.
Werkstatt und Betrieb 112 (1979) Nr. 8,
S. 525...529.

/38/ Haferkorn, W.,   Kollisionsschutz an Werkzeugmaschinen.
     Fingberg W.   Werkstatt und Betrieb 115 (1982) Nr. 9,
S. 575...577.

/39/ Spur, G.,   NC-Programmkontrolle mit dynamischer
     Potthast, A.   Simulation bei der Drehbearbeitung.
ZwF 76 (1981) Nr. 4, S. 153...155.

/40/ Herrscher, A.,   Grafische Simulation von Doppelschlit-
     Weser, A.,   ten bearbeitungen auf Drehmaschinen.
     Kayser, K.H.,   wt - Z. ind. Fertig. 75 (1985) Nr. 6,
     Scheifele, D.   S. 363...366.

/41/ Röhrle, J.,   Neue CNC-Funktionen durch zugeschnit-
     Möller, H.,   tenes Grafiksystem.
     Schmidt, W.,   wt - Z. ind. Fertig. 75 (1985) Nr. 6,
     Viefhaus, R.   S. 359...362.

/42/ Balbach, J.,   Automatische Kollisionsüberwachung und
     Soliman, M.A.   Werkzeugzeugeinstellmaß-Ermittlung für
                       die Drehbearbeitung.
                       Essen: Girardet-Verlag, HGF-Kurzbe-
                       richte (Lose-Blatt-Sammlung)
                       Blatt 82/37, 1982.

/43/ Streifinger, E. Beitrag zur Sicherung der Zuverlässig-
                       keit und Verfügbarkeit moderner Ferti-
                       gungsmittel unter Berücksichtigung von
                       Kollisionen im Arbeitsraum.
                       Dissertation,Technische Universität
                       München, 1983.

/44/ Arndt, W.   Eine Lernmethode für automatisierte
                       Arbeitsplanungssysteme.
                       Reihe Produktionstechnik - Berlin 7.
                       München, Wien: Hanser Verlag, 1980.

/45/ Markmann, D.K.   Kriterien für kollisionsfreie Großteil-
                       bearbeitung prismatischer und gehäuse-
                       förmiger Werkstücke auf Einständer- und
                       Zweiständer-Bettfräsmaschinen.
                       Dissertation, Universität Dresden,1973.

/46/ Geßler, W.   Kollisionsfreie Bearbeitung auf nume-
                       risch gesteuerten Bohr- und Fräsmaschi-
                       nen - eine Berechnungsmethode.
                       Wissenschaftliche Zeitschrift der TH
                       Magdeburg 20 (1976) Nr. 5, S. 551...553.

/47/ Kohler, P.   Ein Beitrag zum automatisierten Messen
mit NC-Werkzeugmaschinen.
Berlin, Heidelberg, New York: Springer-
Verlag, 1985

/48/ Schöling, H.   Optimierung der Off-line-Programmierung
von CNC-Mehrkoordinaten-Meßgeräten.
Dissertation, RWTH Aachen, 1982.

/49/ Weck, M.,
    Zühlke, D.   Programmiersprache für NC-Handhabungs-
geräte.
Ind.-Anz. 102 (1980) Nr. 37, S.27...30.

/50/ Schöling, H.   Off-line Kollisionskontrolle bei
Industrierobotern.
VDI-Z. 125 (1983) Nr. 17,
S. 647...652.

/51/ Freund, E.,
    Hoyer, H.,
    Mehner, F.   Multi-robot systems in FMS.
Proceedings of the 3rd International
Conference on Flexible Manufacturing
Systems. Böblingen, September 1984.

/52/ Gerke, W.   Kollisionsfreie Bewegungsführung von
Industrierobotern.
Automatisierungstechnik 33 (1985) H. 5,
S. 133...139.

/53/ Anderson, R.O.   Detecting and eliminating collisions in
NC-machining. Computer aided design
(1978) Vol. 10, S.231...237.

/54/ Spur, G.,
    Krause, F.L.   CAD-Technik.
München, Wien: Hanser Verlag, 1984.

- 115 -

/55/ Spur, G.,   Forschungsbericht des Sonderforschungs-
     Pritschow, G.   bereich 57: "Produktionstechnik und
                        Automatisierung" für die Jahre 1976 -
                        1978.
                        Technische Universität Berlin.

/56/ Voelcker, H.B.,   Geometric Modeling of Mechanical Parts
     Requicha, A.A.G.   and Processes.
                        Computer magazine, December 1977.

/57/ Spur, G.,   Mathematische Verfahren zur Be-
     Mayr, R.   rechnung der Durchdringungskurven
                        von Bauteilen in CAD-Systemen.
                        ZwF 73 (1978) Nr.11, S. 570...573.

/58/ Ohnheiser, R.   Integrierte Erstellung numerischer
                        Steuerdaten für flexible Fertigungs-
                        systeme.
                        Berlin, Heidelberg, New York: Springer
                        Verlag, 1984.

/59/ Loria, G.   Spezielle algebraische und trans-
                        zendente Kurven. Band 2.
                        Leipzig, Berlin: B.G. Teubner, 1911.

/60/ Fladt, K.   Analytische Geometrie spezieller ebener
                        Kurven.
                        Frankfurt a. Main: Akademische Verlags-
                        gesellschaft, 1962.

/61/ Pogorelov, A.V.   Extrinsic Geometry of Convex Surfaces.
                        Providence Rhode Island: American
                        Mathematical Society, 1973.

/62/ Tuffentsammer, K. Vorlesungsmanuskript Werkzeug-
                        maschinen 1 - Teil II. 4. Auflage,1977.

ISW Forschung und Praxis

Berichte aus dem Institut für Steuerungstechnik der Werkzeugmaschinen
und Fertigungseinrichtungen der Universität Stuttgart

Herausgegeben bis Band 57 von Prof. Dr.-Ing. G. Stute †
ab Band 58 Prof. Dr.-Ing. G. Pritschow

ISW 26: L. Schenke, Auslegung einer technologisch-geometrischen Grenzregelung für die Fräsbearbeitung, 113 S., 1979

ISW 27: H. Wörn, Numerische Steuersysteme - Aufbau und Schnittstellen eines Mehrprozessorsteuersystems, 141 S., 1979

ISW 28: P. B. Osofisan, Verbesserung des Datenflusses beim fünfachsigen NC-Fräsen, 104 S., 1979

ISW 29: J. Berner, Verknüpfung fertigungstechnischer NC-Programmiersysteme, 101 S., 1979

ISW 30: K.-H. Böbel, Rechnerunterstütze Auslegung von Vorschubantrieben, 113 S., 1979

ISW 31: W. Dreher, NC-gerechte Beschreibung von Werkstücken in fertigungstechnisch orientierten Programmiersystemen, 105 S., 1980

ISW 32: R. Schurr, Rechnerunterstützte Projektierung hydrostatischer Anlagen, 115 S., 1981

ISW 33: W. Sielaff, Fünfachsiges NC-Umfangsfräsen verwundener Regelflächen. Beitrag zur Technologie und Teileprogrammierung, 97 S., 1981

ISW 34: J. Hesselbach, Digitale Lageregelung an numerisch gesteuerten Fertigungseinrichtungen, 111 S., 1981

ISW 35: P. Fischer, Rechnerunterstützte Erstellung von Schaltplänen am Beispiel der automatischen Hydraulikplanzeichnung, 111 S., 1981

ISW 36: U. Ackermann, Rechnerunterstützte Auswahl elektrischer Antriebe für spanende Werkzeugmaschinen, 118 S., 1981

ISW 37: W. Döttling, Flexible Fertigungssysteme – Steuerung und Überwachung des Fertigungsablaufs, 105 S., 1981

ISW 38: J. Firnau, Flexible Fertigungssysteme – Entwicklung und Erprobung eines zentralen Steuersystems, 112 S., 1982

ISW 39: A. Herrscher, Flexible Fertigungssysteme – Entwurf und Realisierung prozeßnaher Steuerungsfunktionen, 103 S., 1982

ISW 40: U. Spieth, Numerische Steuersysteme – Hardwareaufbau und Ablaufsteuerung eines Mehrprozessorsteuersystems, 115 S., 1982.

ISW 41: A. Schimmele, Rechnerunterstützter Entwurf von Funktionssteuerungen für Fertigungseinrichtungen, 106 S., 1982

ISW 42: M. Sanzenbacher, NC-gerechte Beschreibung von Werkstücken mit gekrümmten Flächen, 105 S., 1982.

ISW 43: W. Walter, Interaktive NC-Programmierung von Werkstücken mit gekrümmten Flächen, 112 S., 1982.

ISW 44: J. Huan, Bahnregelung zur Bahnerzeugung an numerisch gesteuerten Werkzeugmaschinen, 95 S., 1982.

ISW 45: H. Erne, Taktile Sensorführung für Handhabungseinrichtungen – Systematik und Auslegung der Steuerungen, 111 S., 1982.

ISW 46: D. Plasch, Numerische Steuersysteme – Standardisierte Softwareschnittstellen in Mehrprozessor-Steuersystemen, 112 S., 1983

ISW 47: Z. L. Wang, NC-Programmierung – Maschinennaher Einsatz von fertigungstechnisch orientierten Programmiersystemen, 103 S., 1983

ISW 48: J. Schwager, Diagnose steuerungsexterner Fehler an Fertigungseinrichtungen, 121 S., 1983

ISW 49:   P. Klemm, Strukturierung von flexiblen Bediensystemen für numerische Steuerungen, 113 S., 1984

ISW 50:   W. Runge, Simulation des dynamischen Verhaltens elektrohydraulischer Schaltungen – Einsatz von geräteorientierten, universellen Simulationsbausteinen, 132 S., 1984

ISW 51:   H. Steinhilber, Planung und Realisierung von Werkzeugversorgungssystemen für die NC-Bearbeitung, 126 S., 1984

ISW 52:   R. Ohnheiser, Integrierte Erstellung numerischer Steuerdaten für flexible Fertigungssysteme, 115 S., 1984

ISW 53:   M. Keppeler, Führungsgrößenerzeugung für numerisch bahngesteuerte Industrieroboter, 125 S., 1984

ISW 54:   P. Kohler, Automatisiertes Messen mit NC-Werkzeugmaschinen, 129 S., 1985

ISW 55:   K.-H. Rieger, Rechnerunterstützte Projektierung der Hardware und Software von speicherprogrammierten Steuerungen, 123 S., 1985

ISW 56:   G. Vogt, Digitale Regelung von Asynchronmotoren für numerisch gesteuerte Fertigungseinrichtungen, 126 S., 1985

ISW 57:   S. Chmielnicki, Flexible Fertigungssysteme – Simulation der Prozesse als Hilfsmittel zur Planung und zum Test von Steuerprogrammen, 120 S., 1985

ISW 58:   W. Renn, Struktur und Aufbau prozeßnaher Steuergeräte zur Verkettung in flexiblen Fertigungssystemen, 137 S., 1986

ISW 59:   K. Harig, Quantisierung im Lageregelkreis numerisch gesteuerter Fertigungseinrichtungen, 113 S., 1986

ISW 60:   H. Frank, Programmier- und Überwachungsfunktionen für teileartbezogene NC-Werkzeugmaschinen, 115 S., 1986

ISW 61:   H. Möller, Integrierte Überwachungs- und Diagnose-Systeme für numerische Steuerungen, 131 S., 1986

Die Bände ISW 1 – ISW 45 sind vergriffen

Springer-Verlag
Berlin   Heidelberg   New York   Tokyo